优良家风与民族风骨

本册编著◎徐 潜 于红梅

吉林出版集团股份有限公司
全国百佳图书出版单位

吉林·长春

图书在版编目（CIP）数据

优良家风与民族风骨 / 徐潜, 于红梅编著. -- 长春:吉林出版集团股份有限公司, 2021.6（2023.9重印）

（中华美德与家教家风丛书）

ISBN 978-7-5581-9359-0

Ⅰ.①优… Ⅱ.①徐… ②于… Ⅲ.①家庭道德—中国—通俗读物 Ⅳ.①B823.1-49

中国版本图书馆CIP数据核字(2020)第216362号

YOULIANG JIAFENG YU MINZU FENGGU

优良家风与民族风骨

丛书主编	徐 潜	
编 著	徐 潜	于红梅
责任编辑	杨 爽	
装帧设计	李 鑫	

出 版	吉林出版集团股份有限公司	
发 行	吉林出版集团社科图书有限公司	
地 址	吉林省长春市南关区福祉大路5788号 邮编：130118	
印 刷	山东新华印务有限公司	
电 话	0431-81629711（总编办）	
抖音号	吉林出版集团社科图书有限公司 37009026326	

开 本	710 mm×1000 mm 1 / 16	
印 张	14.25	
字 数	200 千	
版 次	2021年6月第1版	
印 次	2023年9月第2次印刷	

书 号	ISBN 978-7-5581-9359-0	
定 价	48.00 元	

如有印装质量问题，请与市场营销中心联系调换。0431-81629729

前　言

　　人们常说：父母是孩子的第一任老师，也是孩子终身的老师。这句话就是从家庭教育的层面上说的。任何一个人从小到大，或多或少，或好或坏，都会受到来自父母和家庭的教育，无论这种教育是自觉的，还是不自觉的，都会深入骨髓，留在下一代的生命中，以至于代代相传，进化成某一个家族的文化特征。从这个角度来看，家庭教育既是一种社会的文化活动，也是一种生命的进化活动。如果我们把审视家庭教育的目光，从某个家庭扩展到整个社会，乃至整个民族，就会豁然惊叹，家庭教育会通过无数个小小的家庭，使整个社会蔚然成风，使整个民族蔚为大观。

　　大家都说，中华文化源远流长，但谁也说不清楚，这股文化的清流，是如何穿过几千年的历史流淌至今。经历王朝的更迭、世事的变迁、外族的入侵，自家的洗劫，然而，中华文化的洪流从没有被阻断。为什么？因为在崇山峻岭的每条小溪里，都流淌着涓涓细流。可以毫不夸张地说，没有无数家庭教育的细流，就没有中华文化的江河；就像人没有毛细血管，四肢就会坏死一样。

　　无数事例证明，历代圣贤先哲、仁人志士都接受过良好的家庭文化熏陶和教育，大到进德修身，小到行为举止，都对其一生产生了至关重要的影响。有的甚至是几代、十几代，形成了优良的风气，或富贵扬名，或诗书传家，善行美德不绝于世，为后人所传颂。

　　正因为这个原因，我们希望从中国历代家庭教育的成功案例中，梳理脉络、汲取营养，补当今家庭教育之短。在我们看来，中国历代的家庭教育，与同时代的社会教育相比，有着自己的特点：

一是具有内容上的复杂性和丰富性。既有精英文化的孔孟之道，也有许多民俗文化的内容。只要不在学校，长辈就是老师，对孩子的教育既是随机的，又是具体情境下的，常常是遭遇事情、解决问题式的教育，所以有针对性，不像课堂讲课那样，有固定的内容和规范的思路。孟母三迁、曾子杀猪、《朱子格言》《曾国藩家书》，都是如此。可见这些家庭教育的内容，是既丰富又深刻的。

二是教育方式更灵活，更直接，更碎片化，甚至深入具体的生活细节当中。对于家庭教育的双方来说，师生共同生活在一个环境中，或者是一个大家族的环境中，朝夕相处，彼此熟悉了解，有亲情，也有尊卑，因此教育中可以谈心、开导，也可以训话、呵斥，甚至威胁、惩罚也是常有的。比如《颜氏家训》《温公家范》《袁氏世范》就是谆谆教诲，侃侃而谈。《康熙庭训》、"陶母封坛责子"就是正襟危坐，严肃训导。而"包拯家训"和"李勣临终教子"语气之坚毅、手段之严厉，不会出现在现场教学中。又比如古今很多教子的场景都是在病榻之前、临终之时，给受教育者以刻骨铭心的记忆，这也是学校教育所不具备的。

三是家庭教育更具有言传身教、双管齐下的特质，甚至身教重于言传。家庭教育与其说是教导出来的，不如说是熏陶出来的。很难想象一个贪婪凶残的父亲，能"教育"出廉洁无私的孩子。一个刁钻狠毒的母亲，很大程度上会带出刻薄尖酸的孩子。然而，任何人都会有缺点，历代的仁人君子都善于在子孙面前约束自己，以正其身。司马光在《家范》中讲陈亢向孔子学习的故事，人们不仅知道了《诗》《礼》的价值，更明白了与子女相处不能过于随意、要遵循礼仪的道理。

四是早教。早教是历代家训的话题，或许中国古时候，除了帝王皇室或达官贵人，鲜有幼儿园的教育机构，所以先贤们无不认为，孩子应该进行早教。《颜氏家训·教子》引孔子的话"少成若天性，习惯如自然"，意思是说：小的时候觉得本应如此，长大后就习惯成自然，也就是说人如果养成不好的习惯就难以改正了。所以，颜之推引俗谚曰"教妇初来，教儿婴孩"，意思是说：教育媳妇，刚嫁过来就开始；教育孩子，刚生下来就开始。这话说得一点儿没错。其实，早教的意思很丰富。孩子一生下来就着手教育，甚至胎教，那是早教；而发现孩子有了不好的习惯，犯了错误，及时纠正，也是早教。后者甚至更重要。

五是责任。孔子曰："子不教，父之过。"所以先人很有"我的孩子，我不教谁教"的责任感。看到那些家书、家训、家规和数不胜数的家教事迹，任何人都不能不为之感动。当今的家长送孩子到各种学校学文化、学知识，美其名曰"专业的事，交给专业的人"。这并没有错，但你是孩子的父母，要知道，好孩子都是父母教出来的。父母不能只注重做保姆、保镖的工作，更要注重教育，这是责无旁贷的责任与义务。

本书取名《优良家风与民族风骨》，从历代仁人志士的历史事迹，以及功成名就者的家书、家训、教子故事中，梳理归纳出中华民族在家教家风方面的十二个精神特征。这些特征既是对古往今来仁人君子美德的总结，也是对中国人人格精神的概括，更是对中华文化生命力能够历久弥新的探讨。希望能以此给人们提供一些家庭教育的经典事例和成功经验。但是，因为眼界有限，能力不足，难免偏颇，欢迎指正。

编著者

2021年5月

目　录

第一章

孝悌篇

《孝经》曰：「夫孝，天之经也，地之义也，民之行也。天地之经而民是则之。」

1. 何为孝悌

"孝悌"是一种最自然、最优良的人性，"孝"是个会意字，其金文字形上面是"老人"，下有"子"搀扶。"悌"的小篆字形，从"心"，从"弟"，就是善待兄弟之意。"孝"字最早见于《尚书》。《尧典》说舜："瞽子，父顽，母嚚，象傲，克谐以孝。"《舜典》说舜"慎徽五典"，是赞扬舜能够恭顺五典，即父义、母慈、兄友、弟恭、子孝。《尚书·君陈》还说："惟孝，友于兄弟。"可见，"孝悌"既可以是两个指向不同的词，又是两个意韵内涵有很大部分重叠的词，而合在一起使用则丰富而圆满地表现了人性中自然、美好、善良的本性。同时，就因为它具有人的自然本性的属性，所以它是一种最古老的观念，其意义随着人类进步而愈加成熟和抽象。

在中华典籍中，有一部《孝经》，这是一部专门阐述孝、孝道、孝行的著作，也是历朝历代家训家教中必用的教材。它通过孔子与其弟子曾参的问答来系统地解释孝的内涵、演变和意义。《孝经》曰："夫孝，天之经也，地之义也，民之行也。天地之经而民是则之。"意思是说：孝道是天经地义的事情，是生民自然而然的行为。因为天经地义，所以生民行之有理。《孝经》又曰："孝子之事亲也，居则致其敬，养则致其乐，病则致其忧，丧则致其哀，祭则致其严。"意思是说：君子侍奉父母，居家要对父母恭恭敬敬；

赡养父母，要让父母感到愉快；父母生病了，要为他们担忧；父母去世了，要为他们哀悼；祭奠父母，要庄重严肃。这里具体阐述了什么是孝行。

还有更具体的事例，司马光在自己的家训《温公家范》中，引用《礼记》对孝行的规定：

> 子事父母，鸡初鸣而起，左右佩服，以适父母之所，下气怡声，问衣燠寒，疾痛苛痒，而敬抑搔之。出入则或先或后，而敬扶持之。进盥，少者奉盘，长者奉水，请沃盥，盥卒，受巾。问所欲而敬进之，柔色以温之。父母之命，勿逆勿怠。若饮之食之，虽不嗜，必尝而待；加之衣服，虽不欲，必服而待。

> 汉谏议大夫江革，少失父，独与母居。遭天下乱，盗贼并起，革负母逃难，备经险阻，常采拾以为养，遂得俱全于难。革转客下邳，贫穷裸跣，行佣以供母。便身之物，莫不毕给。建武末年，与母归乡里，每至岁时，县当案比，革以老母不欲摇动，自在辕中挽车，不用牛马。由是乡里称之曰"江巨孝"。

司马光的这段家训，用今天的白话翻译过来，大概如下：

子女侍奉父母，鸡一叫就起床，洗漱完毕、穿戴整齐，然后去父母居室问安。问安的时候要和颜悦色。问父母的衣物穿着是否合适，是否有哪里不舒服，有没有这儿疼那儿痒，或是生病了，要尽力医治。如果与父母一同出入，或在前引路，或在后服侍、恭谨地挽扶。子女伺候父母洗漱，年龄小的负责拿盆，年龄大的负责倒水。请父母洗脸，要主动递上毛巾，再耐心询问父母需要、安慰父母情绪，随时侍奉。父母的吩咐不要违逆，也不能敷衍。父母让你吃东西，即使不合胃口，也要吃一些；送你衣服穿，哪怕不合自己心意，也先穿上，父母让脱再脱下。

东汉的谏议大夫江革，少年时父亲去世，与母亲同住。当时天下大乱，盗贼遍地。江革背着母亲逃难，遭遇了各种危难。在下邳客居的时候，穷得连鞋子都穿不起，常常光着脚侍奉母亲。母亲的所需之物，全部满足。后来同母亲回归乡里，每到年终岁尾，县里检查户口，因为路途颠簸，担心母亲受累，就不用牛马，亲自驾辕拉车，被乡亲誉为"江巨孝"。

在司马光看来，子女孝顺的问题，是与修身齐家治国平天下有着密切关系的重要问题。奉养双亲既是人必须拥有的贤德，也是人之所以为人的天然本性。所以，"百善孝为先"。一个人如果对自己的双亲都做不到恭敬、奉养、孝顺、爱戴，那么他做人必有瑕疵。江革便为世人树立了孝奉双亲的典范。

《孝经》首篇《开宗明义章》是这样说的：

> 仲尼居，曾子侍。子曰："先王有至德要道，以顺天下，民用和睦，上下无怨。汝知之乎？"曾子避席曰："参不敏，何足以知之？"子曰："夫孝，德之本也，教之所由生也。复坐，吾语汝。身体发肤，受之父母，不敢毁伤，孝之始也。立身行道，扬名于后世，以显父母，孝之终也。夫孝，始于事亲，中于事君，终于立身。《大雅》云：'无念尔祖，聿修厥德。'"

孔子的意思是说：

孝是道德的根本，对人的教化就是从这里生发出来的，人身体的毛发肌肤都是父母给的，不要毁坏、损伤，这是孝的开始。处事立身、践行道义、扬名于后世，让父母的光荣显现出来，这是孝的终极。孝的开始，在于侍奉双亲，中间在于服务君王，最终在于让自己德行高深、显达扬名。所以孔子还引述了《大雅》里的话："不要忘记你的祖先，要进德修身。"

可见，孝悌是人们品德的根本。

6

2. 百善孝为先

在中国，数量最多、流传最广、影响最大的各种传说中，关于孝悌的故事总是名列前茅。元代人郭居敬挑选了他认为最有教育意义的二十四个故事，编辑在一起，命名为《二十四孝》。其中第一个故事叫"孝感动天"，讲的就是舜的孝悌故事。据说舜的生母早亡，父亲是一个盲人。父亲又新娶了妻子以后就开始厌弃前妻生的孩子。据《史记》里记载：舜的父亲冥顽不灵，继母嚣张跋扈，异母生的弟弟傲慢张扬。他们对舜一直不怀好意，多次想害死他。他们在舜修补谷仓时，在下面放火；在舜挖井时填土企图将他活埋。但舜都防备在先，成功逃脱了。舜虽然心里万般委屈，但仍然反省自己，认为是自己侍奉得不好，丝毫不记恨家人，还对父母一如既往地孝顺，对弟弟很照顾。《史记》里说："舜复事瞽叟爱弟弥谨，於是尧乃试舜五典百官，皆治。"于是，舜的孝行感动了上天，在他耕地时，大象跑过来帮他，小鸟来替他锄草。尧帝听说了，将自己的两个女儿娥皇和女英嫁给他，经过各种考察，将王位禅让给了他。舜在当了帝王后，依然十分孝顺自己的父母，对弟弟也很好，他的孝悌美德便这样流传了下来。

《说文·子部》："孝，善事父母者。从老省，从子，子承老也。"《尔雅·释训》："善父母为孝。"这两部古老的辞书准确而简洁地诠释了"孝"字作为中华民族最古老的道德范畴所蕴含的理念。《礼记》说，做子女的要"冬温而夏清，昏定而晨省，在丑夷不争"。意思是说，冬天使长辈温暖，夏天使长辈清凉，晚上伺候长辈休息，早上省视长辈问安，不与同辈发生争斗，不让长辈操心。《孝经·纪孝行章》："事亲者，居上不骄，为下不乱，在丑不争。居上而骄则亡，为下而乱则刑，在丑而争则兵。三者不除，虽日用三牲之养，犹为不孝也。"意思是说：侍奉父母的人，当了官要不骄傲，做老百姓要不作乱，在同辈中不争强斗狠。当官骄纵就会败亡，为民作乱会遭受刑罚，在同辈中争斗就会动刀兵。这三件事做不到，即使每天用牛羊猪肉供养父母，还是不孝。可见，古人是把"孝悌"放在极高的道德境界去看待的。

中国古代家教第一书《颜氏家训·教子篇》里说：

古者，圣王有"胎教"之法，怀子三月，出居别宫，目不邪视，耳不妄听，音声滋味，以礼节之。书之玉版，藏诸金匮。生子咳提，师保固明孝仁礼义，导习之矣。凡庶纵不能尔，当及婴稚，识人颜色，知人喜怒，便加教诲，使为则为，使止则止。比及数岁，可省笞罚。父母威严而有慈，则子女畏慎而生孝矣。

意思是说:

古时,圣王有"胎教"的做法,怀孕三个月的时候,就去住到别的房子里,眼睛不能随便看,耳朵不能乱听。听音乐吃美味,生活起居都按照礼、义加以节制。还得把这些做法写到玉版上,藏进金柜里。到胎儿出生还在幼儿时,担任教育工作的人,就要讲解孝、仁、礼、义。普通老百姓家纵使做不到这样,也应该在婴儿能够看懂人的脸色、分辨出喜怒时,就加以教导训诲,知道什么该做,什么不该做。等到长大几岁,就不至于再受鞭打惩罚。只要父母威严又慈爱,子女自然敬畏、谨慎,会行孝道了。

可见,古人对孝道的培育从幼童时代就开始了。教子的重心在人性和品格,目的是知礼仪、懂孝道。

在《颜氏家训·兄弟篇》中,颜之推用专章讲述了"悌"的内涵和意义:

> 二亲既殁,兄弟相顾,当如形之与影,声之与响;爱先人之遗体,惜己身之分气,非兄弟何念哉?兄弟之际,异于他人,望深则易怨,地亲则易弭。譬犹居室,一穴则塞之,一隙则涂之,则无颓毁之虑;如雀鼠之不恤,风雨之不防,壁陷楹沦,无可救矣。仆妾之为雀鼠,妻子之为风雨,甚哉!

大意是说:

父母去世后,兄弟应当相互照顾,好比身体和影子,又像声音和回响那样密不可分。爱护父母给予的身体发肤,顾惜父母给予的生命,除了兄弟,有谁还能如此挂念呢?兄弟之间的关系,与他人可不一样，要求过高就容易产生埋怨，而关系密切就容易消除隔阂。譬如住的房屋，出现了一个漏洞就堵塞，出现了一条细缝就填补，那就不会有倒塌的危险。假如有了雀窝鼠洞也不放在心上，风刮雨浸也不加防范，那么就会墙崩柱摧，无从挽回了。仆妾比那雀鼠，妻子比那风雨，怕还更厉害些吧！

这里有两点：一是讲"悌"总是离不开"孝"，因为兄弟都是父母所生，父母留下的身体发肤、生命都要爱惜，这对兄弟来说都是孝道，而兄弟之间则体现"悌"的关系。二是讲了兄弟关系的重要性，这不仅仅是两个人之间的事，还是涉及整个社会伦理的伦常关系。

从《颜氏家训》开始，中国历代的家书、家训、家规，以及代代相传蔚然成风的家风，孝悌都是最要紧的叮嘱。应该说，孝悌是中华民族的美德，是诗礼传家的必备，是治国兴邦的根基。凡是文明的家庭，没有不把"孝悌"作为重中之重的内容来训导子孙后辈的内容。孝悌以及它所蕴含的意韵，自然而然也成为中国人风骨中最富有人性精神和人情温暖的内涵。

3. 养则致其乐

孔子说："孝子之事亲也，居则致其敬，养则致其乐，病则致其忧，丧则致其哀。"意思是说：孝子侍奉父母，平时要做到恭敬，奉养要表现出快乐，有病时要表现出忧愁，去世时要表现出悲哀，祭祀时要表现出严肃。孔子师徒在《论语》中涉及"孝悌"

的对话近二十次，在《论语·为政》里，孔子的学生子游问孔子什么是孝，孔子回答说："今之孝者，是为能养。至于犬马，皆能有养。不敬，何以别乎？"孔子认为，孝的实质，更深的意蕴在于敬而不在于养，否则就与养犬马没有区别。《盐铁论·孝养》引孔子的话说："'今之孝者，是为能养。不敬，何以别乎？'故上孝养志，其次养色，其次养体。贵其礼，不贪其养。礼顺心和，养虽不备可也。"意思是孝养父母，不一定要锦衣玉食。重要的是要做到敬，尽己之所能，让长辈心情舒畅。哪怕给老人的供奉达不到一般水平，也是孝。所以，最高级的孝是理解并体恤父母的心意，其次是对父母要和颜悦色，再其次才是吃好穿好。只要顺礼且能让老人心情愉悦，即使衣食供养不完备也说得过去。这就是"养志""色难""菽水承欢"之说。这说明，在春秋时期，"孝"已经超越了"养口腹"的低级阶段，更注重使父母精神愉快。

在《二十四孝》里，有一则"戏彩娱亲"的故事：春秋时，楚国有位隐士，名叫老莱子。他非常孝顺父母，对父母体贴入微，总是千方百计讨父母的欢心。为了让父母过得快乐，老莱子特地养了几只美丽善叫的鸟儿让父母玩耍。他自己也经常引逗鸟儿，让鸟儿发出动听的叫声。父亲听了很高兴，总是笑着说："这鸟儿的叫声真动听！"老莱子见父母脸上有笑容，心里非常高兴。

老莱子其实也不小了，也年过七十。一次，父母看着儿子的花白头发，叹气说："连儿子都这么老了，我们在世的日子也不长了。"老莱子害怕父母担忧，想着法子让父母高兴。于是，他专门做了一套五彩斑斓的衣服，学着儿童走路的样子，晃晃悠悠的，还学着孩童的样子跳舞，父母看了乐呵呵的。

一天，他为父母端着热水走过厅堂，不小心摔了一跤。他害怕父母伤心，故意发出像婴儿一样啼哭的声音，并在地上打滚。父母还真的以为老莱子是故意跌倒打滚的，见他老也爬不起来，笑着说："莱子真好玩啊，快起来吧。"

由此可见，老莱子对父母的孝是多么用心良苦。所以，颜之推在自己的家训中以这个故事为例，训导子孙后辈要用心孝敬父母。

关于"养而致其乐"的孝行，历代贤哲都是给予充分肯定的。康熙皇帝在对子孙后代的《庭训格言》中有："凡人尽孝道，欲得父母之欢心者，不在衣食之奉养也。惟持善心，行合道理以慰父母而得其欢心，其可谓真孝者矣。"大意是说：人们对父母尽孝，想要得到父母欢心的，重要的不在锦衣玉食的供奉，而在于怀着善良感恩的心情，按照礼节的规范来慰藉父母，让他们心情欢畅，这才是真正的孝道。可见康熙不仅非常关注人的孝德，对孝德的理解也很深刻。

4. 悖德不孝

既然历代贤哲如此看重和强调人们的孝行，那么对不孝有什么具体标准吗？

《孝经》曰："不爱其亲而爱他人者，谓之悖德；不敬其亲而敬他人者，谓之悖礼。以顺则逆，民无则焉。不在于善，而皆在于凶德，虽得之，君子不贵也。"又曰："五刑之属三千，而罪莫大于不孝。"孟子曰:"不孝有五:惰其四支,不顾父母之养,一不孝也;博弈好饮酒,不顾父母之养,二不孝也;好货财私妻子,不顾父母之养,三不孝也;从耳目之欲,以为父母戮,四不孝也;好勇斗狠以危父母,五不孝也。"夫为人子,而事亲或亏,虽有他善累百,不能掩也,可不慎乎!

《孝经》这段话的大意是说:

不爱自己的亲人而去爱其他人,是有悖于道德的;不尊敬自己的父母而去尊敬其他人,是有悖于礼法的。君王教导其子民要尊敬、孝顺自己的父母,有的人却违背道德礼法,这些不肖之子即使一时得志,君子也不会承认他。《孝经》还说:五种刑罚里,有三千条罪状,其中最大的就是不孝。《孟子》里说不孝有五种:"一是好逸恶劳,忘记父母的养育之恩;二是赌博酗酒,不念父母的培育之情;三是贪恋财物、只顾自己妻儿,不顾父母生活;四是只管寻欢作乐,让父母蒙羞;五是到处打架滋事,危及父母安全。"所以说,做子女的,如果不能尽心侍奉父母,再多的优点也不足以弥补这个错误。

一个人如果对自己的双亲都做不到恭敬、奉养、孝顺、爱戴,那么他做人必有瑕疵。司马光提出了具体的要求,他从反面引用了《孟子》的"不孝有五"的现象,界定了什么是不孝。另外,还罗列出小人之不孝:懒惰、好赌、好酒、贪财,只顾妻子儿女,而不顾及孝养父母;纵欲享乐,耽于声色,给父母带来耻辱;逞强斗殴,连累父母:此乃低级之不孝,属于"不及"。士大夫群体中有"迂者":孝父母而不敢言其过,以至于陷父母于不义;隐居求名而无以养父母，使家境贫困；坚不娶妻，以一意事亲，亦不合人情、不利于亲。故孟子把这类迂腐之人列入"君子、读书人"中的"三不孝"以戒之。

《孟子·离娄上》说："不孝有三，无后为大。"赵岐注："于礼有不孝者三事：谓阿意曲从，陷亲不义，一不孝也；家贫亲老，不为禄仕，二不孝也；不娶无子，绝先祖祀，三不孝也。三者之中，无后为大。"

在古代人的观念中，传宗接代是家族中重中之重的大事，人生在世，千辛万苦，大到博取功名，光宗耀祖，小到盖房置地，积攒家业，最后出现了血脉中断，香火熄灭，无人养老送终，这在古代是为常人无法接受的。时至今日，人们对人生价值的认识和理解，早已远远超出了家族的眼界，进入到国家、社会乃至人类的境界，所以，今天再拘泥于重复古人的"不孝有三，无后为大"，就是食古不化、迂腐可笑了。今天的年轻人结婚生子，不仅仅是家族的延续，更是社会、人类的延续与发展，对每个年轻人来说，也是一种社会的责任与义务。

5. 治国之孝

《左传》中记载过一个叫颖考叔的人，他的孝行故事被后人称颂，对君王亦产生了劝诫作用：

> 遂置姜氏于城颖，而誓之曰："不及黄泉，无相见也。"既而悔之。颖考叔为颖谷封人，闻之，

有献于公。公赐之食，食舍肉。公问之，对曰：
"小人有母，皆尝小人之食矣，未尝君之羹。请以
遗之。"公曰："尔有母遗，繄我独无！"颍考叔
曰："敢问何谓也？"公语之故，且告之悔。对
曰："君何患焉？若阙地及泉，隧而相见，其谁曰
不然？"公从之。公入而赋："大隧之中，其乐也
融融！"姜出而赋："大隧之外，其乐也泄泄！"
遂为母子如初。

君子曰："颍考叔，纯孝也。爱其母，施及庄
公。《诗》曰：'孝子不匮，永锡尔类。'其是之
谓乎？"

故事的大意是：

庄公把母亲武姜安置在城颍，并且发誓说："不到死后埋在
黄泉之下，就永远不再见面！"过了一段时间，庄公就为自己把话
说绝而后悔了。有个叫颍考叔的，是颍谷管理疆界的官吏，知道了
这件事，就去给郑庄公献贡品。庄公赐给他饭菜。颍考叔在吃饭的
时候，把肉留着。庄公问他为什么这样。颍考叔答道："小人有个
老娘，我吃的东西她都尝过，只是从未尝过君王的肉羹，请让我带
回去给她吃。"庄公说："你有个老娘可以孝敬，唉，唯独我就没
有！"颍考叔说："请问您这是什么意思？"庄公就把原因告诉了
他，还向他诉说了后悔的心情。颍考叔答道："您有什么担心的！
只要挖一条地道，挖出了泉水，从地道中相见，谁还能说您违背了
誓言呢？"庄公觉得他的话有道理，就按他说的去做了。庄公走进
地道去见母亲武姜，赋诗道："在隧道之中相见，多么和谐快乐

啊！"武姜走出地道，赋诗道："隧道之外相见，多么舒畅快乐啊！"从此，他们恢复了从前的母子关系。

有君子说："颍考叔是位真正的孝子，他不仅孝顺自己的母亲，而且把这种孝心推广到郑伯身上。《诗经·大雅·既醉》篇说：'孝子不断地推行孝道，永远能感化你的同类。'大概就是对颍考叔这种淳厚的孝行而说的吧？"

孝悌之道既然是人类如此正当美好的德行，其价值就不可能局限在修身齐家的层次上。历代统治者不仅自己重视孝的践行和推广，还倡导把事亲之孝与事君之孝结合起来，在治理国家中产生积极的作用。《孝经·开宗明义章》引孔子话："夫孝，始于事亲，中于事君，终于立身。"把孝由一种道德观念，提到了事君治国的政治高度，又作为立身扬名的功利手段，在中国文人乃至全民中生发出巨大的感召力。

在《二十四孝》故事里，排在最前面的就是帝王的孝行故事。前面所举的赞美舜的"孝感动天"是第一个，第二个是"汉文帝亲尝汤药"的故事：

> 西汉文帝，名恒，高祖第三子，初封代王。生母薄太后，帝奉养无怠。母尝病，三年。帝目不交睫，衣不解带，汤药非亲尝弗进。仁孝闻于天下。系诗颂之。诗曰：仁孝闻天下，巍巍冠百王。母后三载病，汤药必先尝。

故事的大意是：

汉文帝刘恒是刘邦的第三个儿子，他是个有名的大孝子。刘恒对他的母亲薄太后很孝顺，从来也不怠慢。有一次，他的母亲患了重病，一病就是三年，卧床不起。刘恒亲自为母亲煎药汤，并且日夜守护在母亲的床前。每次看到母亲睡了，才趴在母亲床边睡一会儿。刘恒天天为母亲煎药，每次煎完，自己总先尝一尝，看看汤药苦不苦、烫不烫，自己觉得差不多了，才给母亲喝。刘恒孝顺母亲的事，在朝野广为流传。人们都称赞他是一个仁孝之子。有诗赞美刘恒说：仁孝闻天下，巍巍冠百王；母后三载病，汤药必先尝。

其实，刘恒孝顺，是有家风的。据史书记载，他父亲刘邦就很讲"孝治"。他当了皇帝后，每隔五天就去看望自己的父亲，称父亲为"太公"，而且总是以礼相待。他父亲家的管事觉得，刘邦的礼节太重，就劝老人家说：不应该让君主拜见臣子。于是，每当刘邦再来，老人家就抱着一把扫帚，在大门迎接，面对儿子倒退着走。刘邦看见这种情况很吃惊，连忙下车搀扶父亲。老人家就说："皇帝是至高无上的，怎么能因为我而坏了天下的规矩。"刘邦一听父亲这么说，就把父亲尊奉为"太上皇"，并下诏书说："人们最亲爱的人，莫过于父亲。做父亲的拥有了天下，会传给儿子；如果儿子拥有了天下，至尊应该归父亲，这才是做人的最高境界。"后来，刘邦发现，做了太上皇的父亲还是时常面有凄凉、闷闷不乐，就找家里人打听。家里人回答说："因为老人家过去一直和杀猪杀狗的、打酒买饼的、小商小贩住在一起，平时喜欢斗个鸡、踢个球，觉得那样生活才快乐。现在这里，没有这些老熟人和好玩儿的，自然就觉得没意思。"于是，刘邦就找了个好地方，把老人家原来的那些老相识、老朋友都接来住在一起，这才让父亲大人高兴起来。

这些故事，今天看来就像天方夜谭，让当代人羡慕。我们在羡慕之余，可以看出古代统治者这么崇孝重德，除了重视自身的修为之外，"孝行"本身在治国方面的感召力和影响力也是不容小觑的。在汉代，从孝惠帝开始，推行"孝悌力田"政策，就是在百姓中，推举孝顺父母、敬爱兄长、努力耕田的人，作为奖励，免除他的赋税。这样一来，大家争相效仿，于国于民于社会风气，有百利而无一害。这种好处后代的帝王和历代贤哲是看得很清楚的，所以，随着社会的发展，孝悌的治国功能和社会价值被愈发地发掘出来，提升上去。

6. "崇孝"与"尽忠"

在古书古剧中，人们时常能听到"自古忠孝不能两全"的说法。这个问题自古就有争论。《汉书·赵尹韩张两王列传》里记载了一段关于王尊的故事：

> 数岁，以令举幽州刺史从事。而太守察尊廉，补辽西盐官长。数上书言便宜事，事下丞相御史。……涿郡太守徐明荐尊不宜久在间巷，上以尊为郿令，迁益州刺史。先是，琅邪王阳为益州刺史，行部至邛郲九折阪，叹曰："奉先人遗体，奈何数乘此险！"后以病去。及尊为刺史，至其阪，问吏曰："此非王阳所畏道邪？"吏对曰："是。"尊叱其驭曰："驱之！王阳为孝子，王尊为忠臣。"尊居部二岁，怀来徼外，蛮夷归附其威信。博士郑

宽中使行风俗，举奏尊治状，迁为东平相。

故事大意是说：

因为皇帝命令地方官推荐人才，王尊被举荐为幽州刺史从事。接着太守考察王尊，发现他为人处事清廉公正，便让他补任辽西盐官长。王尊多次上奏章提出对国家有利益而且应当办理的政务，这些事情传到丞相御史那里，涿州太守徐明推举王尊，说他不应长久在民间不为国家服务，皇帝让王尊做眉县县令，又提升为益州刺史。在这之前，琅琊郡的王阳做益州刺史，巡行州内区域来到邛郲的一处叫九折阪的险路，王阳看到山路险峻，感叹说："身体发肤，受之父母，怎么能反复登上这种危险的地方呢！"于是，王阳就推托自己生病离开了益州。等到王尊做益州刺史，来到这个陡峭曲折的山路，问官吏道："这里不是王阳畏惧的道路吗？"官吏回答说："正是！"王尊大声对他的驾车人说道："赶马冲下去！王阳要做孝子，王尊要做忠臣。"王尊居住在益州内两年，安抚前来依附的部族，巡视外部环境，各部族百姓因他有威望和信誉都来归附。他后来被提升为东郡太守。

在这个故事中，王阳保护父母给的身体不遭受危险，这是崇孝的体现，而王尊选择了对国家的政事义不容辞的态度，这是尽忠的体现。似乎二者只能择其一，真是忠孝不能两全。

在唐朝的宫廷里，曾因为表彰某人用"忠孝"一词，发生过争辩，有人认为赞美一个人"忠孝"，就像是说"春之与秋"，因为春天就是春天，秋天就是秋天，区别分明。然后就举了上面讲的那个王尊与王阳的故事，来说明忠和孝不是一回事，不可兼得。如果已经是孝子就不再是忠臣，反过来也一样，已经是忠臣就不再是孝子。王尊和王阳只能做其中的一个，不可能既是王尊，又是王阳。所以赞美一个人，忠就是忠，孝就是孝。也有人不赞同这种说法，认为从人性上看，二者是一致的，对父母孝顺就会对国君忠诚。孔子就认为："以孝事君则忠。"还说过："夫孝，始于事亲，中于事君，终于立身。"所以，作为人伦之大经，二者不可偏废。即使不能两全，也是有特殊原因的，不能钻牛角尖，将二者对立起来。很明显，后者是正确的。其实，儒家先圣都是从人性和品德的统一上来理解和认识忠孝的问题的，他们皆强调忠孝合一。

中国人笃信孝道，敬爱父母，珍视荣誉，生怕因为自己做错了事让父母蒙羞，因而努力积德行善，以求为父母增光。《孝经》所谓"爱亲者不敢恶于人，敬亲者不敢慢于人""爱亲者于人无不爱，敬亲者于人无不敬。推此一心，由亲及疏"，就是这个意思。而且，主张把对父母的孝推及于他人及天下之父母。《孟子·梁惠王上》说："老吾老，以及人之老；幼吾幼，以及人之幼。"

这样，"孝"就由爱敬父母，又推之广大，传之久远，形成礼让、敬老、博爱的社会风气。

如果遇到特殊情境，必须要二者选其一的话，也只能做出必要的牺牲。《孝经·诸侯章》说："故以孝事君则忠。"尤其在古代社会，很多时候，事君与事国很难分清。因此，既然叫一国之君，笼统地说，忠君即是爱国。很多先贤君子已经很自觉地牺牲个人生命以保全国家利益，这是非常难得的。

譬如《后汉书》记载了一件事：

一位正直官员范滂因为检举弹劾贪赃枉法的豪强，被反诬蔑为结党营私，皇上被蒙骗，下诏将他逮捕处死，范滂害怕连累他人及老母，便到县里投案自首。他的母亲来和他诀别，范滂对母亲说："我弟弟孝敬，足以为您养老送终。我跟从父亲归命黄泉，生死各得其所。只希望母亲大人忍痛割爱，不要悲伤。"范滂的母亲毅然回答道："你今天得以与李膺、杜密等名士齐名，死得其所，有什么遗憾！既有美名，又想长寿，能兼得吗？"范滂跪着接受了母亲的教诲，向母亲拜了两次，与母亲诀别，慷慨就义。这位老母亲知道儿子是为正义而死，就毫不犹豫地鼓励儿子英勇赴死。她明白，儿子对自己的孝，要服从大义，因此这个场面格外感人。

　　为忠义而献身，即超越了一般家庭中孝敬父母的范畴，这是一种大孝，父母在世会感到自豪。即使父母的英灵在九泉之下，也会为之感到欢心。能这样看待孝行、孝道，就把为孝亲而爱身避险、立身扬名只为让父母感到荣耀，升华为忠义爱国、舍生取义这种大爱大孝，把孝亲悌兄与事君、治国、爱民合理地统一起来，成为历代志士仁人修身行道的道德规范与思想武器。

第二章

仁爱篇

克己复礼为仁。一日克己复礼，天下归仁焉。

——孔子

1. 仁者爱人

仁爱，是孔子思想的核心，对后世影响深远。《说文解字》："仁，亲也，从人从二。"可见，其本意是指两个人的关系。儒家学说又将"仁爱"推广到全社会，上升为"全德之称"，成为人伦道德的最高境界。因此，中国历代家庭教育都把"仁爱"思想作为进德修身的重要内容。首先是《论语》，这是孩子从小就要研习的必读书，在《论语》中，讲到"仁"的地方，多达一百多处，涉及了人生的方方面面。大体上说，有以下几个方面：

第一，仁是一种品德，或者是一种道德理念。孔子说："仁远乎哉？我欲仁，斯仁至哉。"意思是说：仁是伴随我左右的意识。

第二，仁这种意识的内涵是爱人，还包括与爱相关的忠恕之道等。《论语·颜渊》中说道："樊迟问仁，子曰：'爱人。'"《论语·雍也》中说道："夫仁者，己欲立而立人，己欲达而达人。"大意是说：有仁德的人，自己想要立身扬名，也要别人立身扬名；自己想要发达出众，也要别人发达出众。在《论语·卫灵公》里，"子贡问曰：'有一言而可以终身行之者乎？'子曰：'其恕乎！己所不欲，勿施于人。'"大意是说：子贡问孔子，有没有这样一句话，可以用作一生的行为指南？孔子回答：那就是恕吧！自己不想要的，不要强加给别人。类似的对话还有不少，意思都是在讲，要爱人、推己及人。

第三，仁是社会道德的总和，也是个人道德的最高境界。《论语·阳货》中"子张问仁于孔子。孔子曰：'能行五者于天下为仁矣。'请问之，曰：'恭、宽、信、敏、惠。恭则不侮，宽则得众，信则人任焉，敏则有功，惠则足以使人。'"这里说的是：子张向孔子请教有关仁德的含义，孔子回答说："能做到以下五个方面的人，应该说是具备仁德了。"子张又问哪五个方面，孔子回答说："恭敬、宽容、诚信、聪敏、施惠。恭敬就不会受到侮辱，宽容就会得到众人的支持，诚信就会得到别人的信任，聪敏就会出业绩，施惠于人就能够支使别人。"在其他章节里还有"巧言令色，鲜矣仁！""仁者，其言也讱"，等等。

　　总之，所谓仁爱，说的都是人的良知和德行。一个人只要有仁爱，他就能行善，如果整个社会都讲仁爱，就不会出现恶行，文明程度就会大幅提高。

　　再来看一下孟子，他是孔子思想的直接继承者。《孟子·离娄下》中说："仁者爱人，有礼者敬人。爱人者恒爱之，敬人者人恒敬之。"意思是说：有仁心的人爱别人，有礼数的人恭敬别人。爱人的人爱心恒久，恭敬人的人，别人也会一直恭敬他。又在《孟子·尽心下》里说："仁者以其所爱，及其所不爱，不仁者以其所不爱，及其所爱。"意思是：有仁心的人，以自己的爱，推广到自己所不爱的任何事情上。没有仁心的人，会把自己的厌恶，推广到自己所爱的任何事情上。

　　在孟子看来，爱人之心就是"不忍人之心"，也就是怜悯之心，是不忍心看到别人遭受困苦危难之心。《孟子·公孙丑上》

里说："人皆有不忍人之心，先王有不忍人之心，斯有不忍人之政矣。以不忍人之心，行不忍人之政，治天下可运于掌上。"大意是说：人都有怜悯之心，先王当然也是这样，理所当然就没有暴政。用怜悯之心行怜悯之政，治理天下就易如反掌了。看来孟子不仅继承了孔子把仁心、仁德当成既是个人进德修身的最高境界，又是整个社会道德规范的最高标准，还把仁心、仁德提升到治国理政的层面，当成是施仁政的伦理基础。

孟子对"仁者爱人"的认知，的确是更深了一层。如果我们把孔孟关于"仁者爱人"的思想仔细品味，就会明白，为什么历代中国人，都会把这种理念作为训导子孙后代的重点。在这一点上，"仁者爱人"与"百善孝为先"具有同样的分量和价值。

康熙皇帝在《庭训格言》中，就"仁者之心、随感而应"阐述说：

> 仁者以万物为一体，恻隐之心，触处发现。故极其量，则民胞物与，无所不周。而语其心，则慈祥恺悌，随感而应。凡有利于人者，则为之；凡有不利于人者，则去之。事无大小，心自无穷，尽我心力，随分各得也。

这段话的意思是：

有仁爱之心的人把万物看作一体，一视同仁，怜悯之心随处都可以发现。所以从更大范围上讲，有仁爱之心的人把百姓当作同胞兄弟，把万物都视为同类，仁爱之心遍及天下万物。说到他的心态，则是慈祥欢爱，随着感觉相互呼应。凡是有利于他人的事情，就去做；凡是不利于他人的事情，就不做。不论事情大小，仁爱之心是无穷无尽的，只要尽心尽力去做，无论在哪里都会收获欢爱。

"仁爱"是社会道德的最高境界，康熙在这段庭训中深入浅出地阐释了仁爱的理念，教育子孙"仁者爱人"。自古至今的圣贤伟人，都讲求以仁爱之心，化除私欲、修德进学。

曾国藩在遗训第三条中，专门教导家人要讲仁爱：

> 三曰求仁则人悦。凡人之生，皆得天地之理以成性，得天地之气以成形，我与民物，其大本乃同出一源。若但知私己而不知仁民爱物，是于大本一源之道已悖而失之矣。至于尊官厚禄，高居人上，则有拯民溺救民饥之责。读书学古，粗知大义，即有觉后知觉后觉之责。孔门教人，莫大于求仁，而其最切者，莫要于欲立立人、欲达达人数语。立人达人之人有不悦而归之者乎？

大概意思是说：

讲究仁爱就能使人心悦诚服。天下所有人的生命，都是得到了天地的机理才成就了他的品性，都是得到了天地的气息才成就了他的形象，我和普通老百姓相比，就生命而言其实都是一样的。假如我只顾自私自利而不顾对老百姓仁爱、对万物怜惜，那么就是违背并丧失了生命的意义。至于享有丰厚的俸禄、尊贵的官位，地位凌驾于众人之上，就应该承担起拯救老百姓于水深火热和饥寒交迫之中的责任。读古书学习先人的思想，大概知道了古书中的意思，就应该承担起让后来人领悟先圣正确思想的责任。孔门儒学教育子弟，没有不要求子弟要讲究仁爱的，而讲究仁爱最基础的，就是要成就自己先成就他人，要富贵自己先富贵他人。能够成就他人富贵他人的人，怎么会有不心悦诚服地归顺于他的人呢？

在曾公的人生经验和感悟看来，仁爱的人会给世界带来快乐，因为每个人的生命，都遵循着自然规律，无论官员还是百姓都同是世间生灵，如果只知道满足自己的私心而不知道爱护他人，那么就违背了自然规律，这种人不会得到神灵的庇护，生命不会长久。具有仁心的人，就是要使得生命能够延续，得以发展。这不仅符合传统美德的要求，也与当今的社会主义核心价值观不谋而合。

2. 敬畏生命

敬畏生命就是尊重每一个生命的价值，承认其出现的合理性，并且以平等的姿态对待它。大自然的一草一木，动物界的一虫一鸟，都是大自然的精彩奉献，所以人类理应尊重一切生命形式，尊重它们的生存方式。反对滥杀无辜，哪怕是害虫、凶物，只要它们并未伤害到你，就不要去剥夺它们生存的权利。这种文明的理念从远古的时候起，就滋生于中华民族的文化之中，成为历代圣贤哲人的美德。因此，历代家教中都不乏这方面的教育和训导。而这种教育往往与仁德、爱人、怜悯（恻隐）之心相关联。

商周时代就已经有这方面的记载了，据《吕氏春秋·孟冬纪·异用》记载：

> 汤见祝网者，置四面，其祝曰："从天坠者，从地出者，从四方来者，皆离吾网。"汤曰：

"嘻！尽之矣。非桀，其孰为此也？"汤收其三面，置其一面，更教之祝曰："昔蛛蝥作网罟，今之人学纾。欲左者左，欲右者右，欲高者高，欲下者下，吾取其犯命者。"汉南之国闻之曰："汤之德及禽兽矣。"四十国归之。人置四面，未必得鸟；汤去其三面，置其一面，以网其四十国，非徒网鸟也。

这个"商汤捕鸟，网开三面"的故事，讲的是商汤使天下归顺的事迹，赞美了商汤的仁德。而商汤的仁德就体现在对生命的敬畏，对小动物的怜悯。故事的大意是这样的：

有一次，商汤在郊外看见一个人在捕鸟，他在四面设网，所有飞过来的鸟都无处可逃。商汤还听见捕鸟人祈祷说："从天上飞来的，从地上飞出的，从四面八方飞来的，让它们都落入我的罗网吧！"汤就说："嗨！要真是那样的话，鸟兽就被你捕杀光了。除了夏桀那样的暴君，谁还会做这样凶残的事情？"于是汤就让那个人收起了三面的网，只在一面设网，重新教导那人祈祷说："从前蜘蛛结网捕食，现在人也学蜘蛛织网。鸟兽想向左去的就向左去，想向右去的就向右去，想向高处去的就向高处去，想向低处去的就向低处去，我只捕猎那些触犯天命、莽撞无知的。"汉水南边国家的人听说这件事情后，很感慨地说："商汤的仁德连鸟兽都顾及到了。"于是四十个国家的人们都跑来归附了汤。别人在四面设网，未必能捕猎到鸟；汤撤去三面，只在一面设网，却因此得到了四十个国家的归附，这不仅仅是在捕捉飞鸟走兽啊！

这个事迹为无数仁人君子所感动，孟子就是其中一个。在《孟子·梁惠王上》里有这样一段孟子与齐宣王的对话：

宣王问孟子："道德这种东西怎么就可以统一天下呢？"孟子说："一切为了让老百姓安居乐业。这样去统一天下，就没有任何问题了。"宣王说："像我这样的人能够让老百姓安居乐业吗？"孟子说："当然能啦。"宣王说："你根据什么知道我可以呢？"孟子说："我曾经听姓胡的人告诉我一件事，说是大王您有一天坐在大殿上，看见有人牵着牛从殿下走过，您便问：'把牛牵到哪儿去？'牵牛的人回答说：'准备杀了取血祭钟'。您便说：'放了它吧！我不忍心看到它那吓得发抖的样子，就像没啥罪过却要被处以死刑一样。'牵牛的人问：'那就不祭钟了吗？'您说：'怎么可以不祭钟呢？用羊来代替牛吧！'。不知道有没有这件事？"

宣王说："是有这件事。"孟子说："凭大王您有这样的仁心就可以统一天下了。老百姓都听说了这件事，有的人认为您是吝啬，我却知道您不是吝啬，而是因为不忍心。"宣王说："是，确实有的老百姓这样认为。不过，我们齐国虽然算不上很大，但我也不至于会吝啬到舍不得一头牛。"孟子说："大王也不要责怪老百姓认为您吝啬。他们只看到您用小的羊去代替大的牛，哪里知道其中的深意呢？何况，大王如果可怜它毫无罪过却将要被宰杀，那牛和羊又有什么区别呢？"

宣王笑了，说："是啊，连我自己也弄不清到底是一种什么心态了。我的确不是吝啬钱财才用羊去代替牛的。不过，老百姓这样认为，也的确有他们的道理啊。"孟子说："没有关系。大王这种不忍心正是仁慈的体现，只是您当时亲眼见到了牛而没有见到羊罢了。君子对于飞禽走兽，见到它们活着，便不忍心见到它们死去；听到它们哀叫，便不忍心吃它们的肉。所以，君子总是远离厨房。"齐宣王很高兴地说："《诗经》上说：'别人有什么心思，我能揣测出。'这就是在说先生您吧。我自己这样做了，反过来却弄不清为什么要这样做。倒是您老人家这么一说，我的心便豁然开朗了。"

这段对话有两点值得注意：一是仁德就是不忍之心，这种对生命的敬畏，对动物的怜悯，是一种向善的美德。二是有了这种仁爱之心，就可以治国平天下。可见仁人君子对敬畏生命、不忍之心是非常重视的。

3. 不杀无辜

郑板桥在《潍县署中与舍弟墨第二书》中教导弟弟说：

平生最不喜笼中养鸟，我图娱悦，彼在囚牢，何情何理，而必屈物之性以适吾性乎！至于发系蜻蜓，线缚螃蟹，为小儿顽具，不过一时片刻便摺拉而死。夫天地生物，化育劬劳，一蚁一虫，皆本阴阳五行之气，氤氲而出。上帝亦心心爱念。而万物之性人为贵。吾辈不能体天之心以为心，万物将何所托命乎？蛇蚖、蜈蚣、豺狼、虎豹，虫之最毒者也，然天既生之，我何得而杀之？若必欲尽杀，天地又何必生？亦惟驱之使远，避之使不相害而已。蜘蛛结网，于人何罪，或谓其夜间咒月，令人墙倾壁倒，遂击杀无遗。此等说话，出于何经何典，而遂以此残物之命，可乎哉？

这段话的大意是说：

我这一辈子最不喜欢在笼子中养鸟，我喜欢快乐自由，鸟被关在笼子中要屈服来适应我的性情，这是哪种情理！还有那些被用头发丝系住的蜻蜓、用线绳捆住的螃蟹，作为小孩的玩具，不到一会儿就拉扯死了。天生万物，父母养育子女很辛劳，一只蚂蚁，一条虫子，都是上天的赐予，让它们绵绵不断，繁衍出生。上天也很珍爱怜惜它们。人是万物之中最珍贵的，而我们竟然不能体谅大自然的用心，上天怎么会将万物托付给我们呢？毒蛇和蜈蚣是最毒的，狼和虎豹是最凶残的，但是上天已经让它们生出来，我有什么理由要杀害它们？如果一定要赶尽杀绝，上天何必要生出它们呢？只要把它们驱赶开，让它们不要互相伤害。蜘蛛织网，和人有什么关系？有人说它在夜间诅咒月亮，让墙倒屋塌，于是就没完没了地追杀蜘蛛。这些言论出自哪部经书典籍，哪部经典书典籍会将这种无稽之谈作为依据来残害生灵的性命，这样说得过去吗？

可以看出，在郑板桥的思想里，充满了对万物的怜悯之心和对生命的敬畏，即使是对有毒的虫蛇、凶残的虎狼，也不要滥杀无辜。郑板桥之所以这么语重心长，是真的希望把这种仁德之心传递给自己的弟弟和儿子，不希望他们成为心如铁石的残忍之徒。试想，一个人如果对动物的生命都能够知道怜惜、心存敬畏，那么，在为人处世、接人待物中一定能有不忍之心，有平等之心。

郑板桥还教育家人说：

我不在家，儿子便是你管束。要须长其忠厚之

情，驱其残忍之性，不得以为犹子而姑纵惜也。家
人儿女，总是天地间一般人，当一般爱惜，不可使
吾儿凌虐他。凡鱼飧果饼，宜均分散给，大家欢嬉
跳跃。若吾儿坐食好物，令家人子远立而望，不得
一沾唇齿，其父母见而怜之，无可如何，呼之使
去，岂非割心剜肉乎！

这是告诉家人，读书、中举、中进士、做官，这都是小事，最
重要的是要明事理、做个好人。这段话的大意是：

我不在家时，儿子便由你管教，要培养增强他的忠厚之心，而
根除其残忍之性，不能因为他是你的侄子就姑息，放纵怜惜他。仆
人的子女，也是天地间一样的人，要一样爱惜，不能让我的儿子欺
侮虐待他们。凡鱼肉、水果、点心等吃食，应平均分发，使大家都
高兴。如果好的东西只让我儿子一个人吃，让仆人的孩子远远站在
一边看着，一点也尝不到，他们的父母看到后便会心痛他们，又没
有办法。只好喊他们离开，此情此景，岂不令人心如刀绞。因此，
读书中举以至做官，都是小事，最要紧的是要让他们明白事理，做
个好人。

在中国传统思想中，等级观念是很森严的。郑板桥能够从敬畏
生命，到爱护动物，再推及人事，主张平等待人，以此教育家人和
后代，实是难能可贵。

类似的思想，时常可见。《朱子家训》中说："勿恃势力而凌
逼孤寡，毋贪口腹而恣杀生禽。"就是告诉子孙后代：不可用势力
来欺凌压迫孤儿寡妇，不要贪口腹之欲而任意地宰杀牛羊鸡鸭。因
为，欺凌孤儿寡妇和任意宰杀禽畜，都是对弱者的不仁义、对生命

的不敬畏。

所以，自古谚语有云：不打三月鸟，不吃四月鱼。因为三月雏鸟刚刚孵化，四月鱼马上要产籽，此时打鸟吃鱼，等于让它们灭绝。它们灭绝，人类的结局也不会好。仁爱，就是尊重生命，敬畏生命，让彼此的生命可以延续下去，可以生生不息。

康熙皇帝在《庭训格言》中也有一则专门论及这个问题的训导：

> 饮食之制，义取诸鼎，圣人颐养之道也。是故古者大烹，为祭祀则用之，为宾客则用之，为养老则用之，岂以恣口腹为哉？《礼·王制》曰："诸侯无故不杀牛，大夫无故不杀羊，士无故不杀犬豕，庶人无故不食珍。"《论语》曰："子钓而不网，弋不射宿。"古之圣贤其于牺牲禽鱼之类，取之也以时，用之也以节。是故朕之万寿与夫年节有备宴恭进者，即谕令少杀牲。正以天地好生，万物各具性情而乐其天，人不得以口腹之甘而肆情烹脍也。

意思是说：

古代人按照饮食的规制，使用适合自己身份的鼎煮食物，是圣人的养生之道。所以，古人煮肉，或是为了祭祀祖先，或是为了宴请宾客，抑或是为了供奉老人，哪有仅仅是为了满足自己的口腹之欲的？《礼记·王制》篇中说："诸侯没有特殊需求不杀牛，大夫没有特殊需求不杀羊，士没有特殊需求不杀狗和猪，老百姓没有特殊需求不杀食家畜、家禽。"《论语》里说："孔夫子只用鱼钩钓鱼而不用网打鱼，用箭射鸟也从来不射在树上已经栖息的鸟。"古代圣人用于饮食的牲畜和禽鱼之类，不能宰杀怀孕、哺乳期中的动物，即使宰杀也要控制数量。所以，朕为做寿或过年过节准备宴席时，有人来上贡，我就下诏命令他们少杀牲畜，正好以此满足上天爱护生灵的意愿。世上万物在上天的眷顾下，各有各的性情，各有各的乐趣，人类不能因为自己的口腹之欲而大肆杀戮、纵情烹煮动物。

康熙皇帝是在告诉后人，敬畏生命不仅是个人的一种美德，也是人类不断文明的标志。康熙用不乱杀牲来训诫皇室后辈，也是在忠告华夏子孙，爱护动物、不乱杀牲是为了我们人类自己。

康熙皇帝在《庭训格言》中还认为，人不管到什么时候，在什么情况下，都"敬畏之心不可不存"，他说：

> 人生于世，无论老少，虽一时一刻不可不存敬畏之心。故孔子曰："君子畏天命，畏大人，畏圣人之言。"我等平日凡事能敬畏于长上，则不罪于朋侪，则不召过，且于养身亦大有益。尝见高年有寿者，平日俱极敬慎，即于饮食，亦不敢过度。平日居处尚且如是，遇事可知其慎重也。

意思是说：

人活在这个世界上，无论年老年少，每时每刻都不能不怀有恭敬和畏惧的心理。所以孔夫子说："君子敬畏天命，敬畏贤哲，敬畏圣人说过的话。"我们这些人平常遇到事情，都能够顺从或听命于长辈，不得罪亲朋好友，就不会招引来过失，这样做对修养身心大有好处。我曾经遇见过年长高寿的人，在生活中非常恭敬谨慎，生活饮食都是见好就收，不敢过分。平日里衣食住行都样样恭敬谨慎，如果遇到事情，可想而知那些人会多么慎重小心。

所以，自古以来，恭敬谨慎就是君子的修身养性之道。知道敬畏才不会在为人处世中得罪朋友、招引过失。引申到生活的起居饮食，也能延年益寿。所以待人接物一定要恭敬谨慎、心存敬畏。

4. 乐善好施

"乐善好施"语出《史记·乐书论》："闻徵音，使人乐善而好施；闻羽音，使人整齐而好礼。"意思是：听到徵音，让人顿起怜悯，愿意做善事、接济别人；听到羽音，令人肃然起敬，就会穿戴整齐、彬彬有礼。乐善好施，意思是喜欢做善事，乐于拿财物接济有困难的人。

据《梁书·儒林传》记载：

南朝时，有位"五经博士"叫严植之，他学识渊博，品格高尚，经常主动接济遇到困难的人。有一天，他在河边看见一个人躺在地上，衣服破烂，面目浮肿，询问之后得知此人姓黄，是荆州人，因家贫外出打工。近来身患重病，想要回家，却被急于赶路的船主抛在岸边。严植之于是将此人接回自己家中，为他治病。一年之后，姓黄的病人康复了，为了感谢严植之，他双膝跪地，恳切地表示，愿留在严植之府中终身充当奴仆，以报答救命之恩。严植之谢绝了，并拿出钱和干粮，让姓黄的人回到他自己的家乡。

据《隋书·李士谦传》记载：

隋朝时，有一位名叫李士谦的读书人，继承了祖上的财富，但他仁爱谦恭、乐善好施。邻里中有因丧事无法殓葬的，他施以棺木；有兄弟分家不均而告状的，他就出钱补助不足的一方。

有一天，他发现有个人在他的田中偷割稻谷，他不但不喊捉贼，反而不声不响地避开，别人不理解，他解释说："俗语说：树要皮，人要脸。谁愿意做贼呢？都是因为天灾人祸，生活没有办法，应该宽恕他呀！"后来，在他的田中偷割稻谷那个人，听说了这件事，也被感动得从此不再做这种事了。

有一年闹饥荒，很多乡亲无法生活，李士谦就拿出家中的存谷数千石，借给即将断炊的老乡。到了第二年，因为还是歉收，上年借谷的人，都无法偿还，只好到李士谦家中去道歉，但李士谦不但不让乡亲还欠谷，还招待他们在家中吃饭，当众把乡亲们借谷的借条，全都付之一炬。李士谦对乡亲们说："我家中的存谷，本来就是救济患难之用的，并不是想囤积图利。现在你们的债务已经了结，希望你们不要再放在心上。"

过了几年，又遇到了大饥荒，李士谦又出了大量的家产，大规模施粥，被救活性命的有一万多人。第二年的春天，李士谦又拿出大量的种子，分赠给贫苦的农民。有人对他说："李先生，你救活了很多人，德行实在太好了。"他回答道："行善的意义，好比耳鸣一样，只能自己知道，别人是听不到的，现在我做的事，已经被你知道，哪里还谈得上美德呢！"李士谦在六十六岁的时候去世，方圆百里的乡亲都为他痛哭流涕。当时参加送葬的人有数万之多。

郑板桥在《潍县署中与舍弟墨第三书》中叮嘱胞弟：

吾儿六岁，年最小，其同学长者当称为某先

生，次亦称为某兄，不得直呼其名。纸笔墨砚，吾
家所有，宜不时散给诸众同学。每见贫家之子，寡
妇之儿，求十数钱，买川连纸钉仿字簿，而十日不
得者，当察其故而无意中与之。至阴雨不能即归，
辄留饭；薄暮，以旧鞋与穿而去。彼父母之爱子，
虽无佳好衣服，必制新鞋袜来上学堂，一遭泥泞，
复制为难矣。

这段家书意思是说：

我的儿子现在六岁，在同学中年龄最小，对同学中年龄较大
的，应当教孩子叫他某先生，稍小一点的也要称为某兄，不得直
呼其名。笔墨纸砚一类文具，只要我家所有，便应不时分发给别的
同学。每当看到贫寒家庭或寡妇的孩子，需要十几个钱，用来买川
连纸钉做写字本，十天都还没能做到的，应当仔细了解这件事的缘
故，并悄悄地帮助他们。如果遇到雨天他们不能马上回家，就挽留
他们吃饭；如果已到傍晚，要把家中旧鞋拿出来让他们穿上回家。
因为他们的父母疼爱孩子，虽然穿不起好衣服，但也会做了新鞋新
袜让他们穿上上学，遇到雨天，道路泥泞不堪，鞋袜弄脏，再做新
的就非常不容易了。

郑板桥的仁爱之心，令人肃然起敬。

曾国藩在家书中说：

乡间之谷，贵至三千五百，此亘古未有者，小
民何以聊生？吾自入官以来，即思为曾氏置一义
田，以赡救孟学公以下贫民。为本境置义田，以赡
救二十四都贫民，不料世道日苦，予之处境未裕，

无论为京官者，自治不暇，即使外放，或为学政，或为督抚，而如今年三江两湖之大水灾，几于鸿嗷半天下。为大官者，更何忍于廉俸之外，多取半文乎？是义田之耗，恐终不能偿，然予之定计，苟仕宦所入，每年除供奉堂上甘旨外，或稍有盈余，吾断不肯买一亩田，积一文钱，必皆留为义田之用。此我之定计，望诸弟体谅之。

曾公的意思是：

乡间的谷子，贵到三千五百，这是自古以来没有的情况，老百姓靠什么谋生？我自从当官以来，就想为曾氏置办一处义田，以救助家境还不如普通读书人的贫民。为本地置办义田，以救助二十四都贫民，不料世道越来越艰苦，我的处境没有富裕，不要说京官自己打理自己还来不及；就是外放当官，或做学政，或做督抚，赶上像今年三江两湖的大水灾，老百姓悲惨的哀叫声几乎响彻半空。做了大官的，又怎么忍心在俸禄之外，多拿半文呢？所以义田的愿望，恐怕难以很快如愿以偿。然而，我的计划，如果官俸收入，每年除供堂上大人的所需之外，稍有盈余，我决不肯买一亩田，积蓄一文钱，一定都留作置办义田的资金，我已下决心，希望弟弟们体谅。

这是真正的仁爱君子所为。

所以《钱氏家训》说："恤寡矜孤，敬老怀幼。"意思是：救济寡妇怜惜孤儿，尊敬老人关心小孩。"救灾周急，排难解纷。"意思是：救济受灾的人们，施援急需的状况，为他人排除危难，化解矛盾纠纷。"修桥路以利人行，造河船以济众渡。"意思是：架桥铺路方便人们通行，遇河造船帮助人们过渡。"兴启蒙之义塾，设积谷之社仓。"意思是：兴办启蒙教育孩子的免费学校，建立存贮粮食以救饥荒的民间粮仓。

　　这些都是乐善好施的义举，很值得当代人铭记。古代仁人君子有一种很崇高的信念："私见尽要铲除，公益概行提倡。"意思是说：个人成见要全部剔除，公众利益要全面提倡。

第三章

中庸篇

《论语》：「君子惠而不费，劳而不怨，欲而不贪，泰而不骄，威而不猛，矜而不争，群而不党。」

1. 中庸之道

中庸，为儒家的哲学思想和道德标准。《说文》："中，正也""庸，用也"。本意是用正确的原则，处理事物发展中的相互关系。譬如：待人接物保持中正平和；因时、因事、因地，恰如其分、恰到好处地为人处世。"中庸"一词，出自《论语·雍也》："中庸之为德也，其至矣乎。"大意是：做事守中，不偏不倚的品德，大概是最好的。不偏不倚的为人品德，折中调和的处世态度，以及恰到好处的做事分寸。

另外，《中庸》也是儒家经典的"四书"之一。原是《礼记》的第三十一篇。宋朝的儒学家对中庸思想推崇备至，从而把这部分内容从《礼记》中抽出独立成书，朱熹则将其与《论语》《孟子》《大学》合编为"四书"。

中庸的思想产生于远古，概念由孔子提出。《论语·子罕》有曰："吾有知乎哉？无知也！有鄙夫问于我，空空如也。我叩其两端而竭焉。"意思是说：你们觉得我什么都知道吗？我没那么博闻广识。有普通人问我什么事情，我什么都不知道。我只是详细了解事情的原委和产生的结果而尽可能来回答，避免以偏概全。在《论语·尧曰》中，孔子提出了"允执厥中"的思想，体现出不要"过"与"不及"的思想，就是恰到好处，就是中庸。他说："君子惠而不费，劳而不怨，欲而不贪，泰而不骄，威而不猛。"孔子在《论语·卫灵公》中又说："君子矜而不争，群而不党。"意思是说：不管做什么都不要过分。君子要施惠于人但不要浪费，使民劳作但不要怨声载道，有欲望但不要贪心，能安然处世但不要骄纵放肆，威严但不要凶猛。还有，要矜持庄重但不要争锋好胜，要和群但不要结党。不做过分的事情，这就是中庸。

北宋大文豪苏东坡有一回和几个朋友喝酒，酒过三巡，兴致正浓。一位朋友端着酒杯走来，对苏轼说："苏兄，晋人说得好，酒就像兵一样，兵可以千日不用，但不可以一日不备；酒可以千日不饮，要饮就一醉方休。晋人以酒醉为乐，你还怕醉酒吗？干了这杯吧！"苏东坡说："晋人此言差矣！喝酒之妙，就在醉与不醉之间，似醉而非醉是真乐趣。晋人以烂醉求解脱，并未得饮酒之妙。后来的饮酒之辈争相效仿，更是东施效颦，让人笑话。"

"苏先生说晋人未得饮酒之妙，可是阮籍、刘伶这些人善饮的佳话，至今为后人所津津乐道，这又是什么原因呢？"那位老友不服气地反问道。

"阮籍嗜酒如命，他听说步兵营的厨师善酿酒，储藏着三百斛美酒，就请求做步兵校尉，每天只顾埋头饮酒。凡遇酒宴，总是大醉而归。他母亲去世时，他正在与人下围棋，对方听说后劝他罢手，他却非要与人家一决雌雄。而且还大口地喝酒助兴，他一口气喝了两斗酒，放声大哭，吐血数升，几天都不省人事。等到他母亲快要下葬时，他又喝下两斗酒，放声大哭，又醉得一塌糊涂。他是以酒来宣泄内心的极度苦闷，表达对现实的不满，哪有什么真的乐趣。"苏东坡看着醉眼蒙眬的老友，又说道："刘伶倒是显得很洒脱，他经常乘着鹿车，带着一壶酒，边走边喝边吟唱，还让别人扛着锄头跟在后面，他说：'我要是死了，就地挖个坑埋了就完了。'刘伶曾自诩：天生刘伶，以酒为名。可见他是通过酒来赢得自己的名声。所以我认为，江左风流人，醉中亦求名，这也不是真乐趣。"

"看来真是这样啊！"那位老友最后真的被苏东坡说服了。

正所谓小酌怡情，大醉伤身。苏东坡对饮酒的理解，也就是仁人君子对中庸的认识，不多不少，恰当最好。

我们看历代的家教故事和家书家训，用中庸之道训导教育子孙后代的比比皆是。众所周知的《朱子家训》中就有："凡事当留馀地，得意不宜再往。"告诉后人：无论做什么事，都应该留有余地；得意以后，就要知足，应该止步。

曾国藩在教育弟弟们"必须自立自强"的时候，特意强调：

近来见得天地之道，刚柔互用，不用偏废，太柔则靡，太刚则折。刚非暴戾之谓也，强矫而已；柔非卑弱之谓也，谦退而已。趋事赴公，则当强矫，争名逐利，则当谦退；开创家业，则当强矫，守成安乐，则当谦退。出与人物应接，则当强矫，入与妻孥享受，则当谦退。

若一面建功立业，外享大名，一面求田问舍，内图厚实。二者皆有盈满之象，全无谦退之意，则断不能久。此余所深信，而弟宜默默体验者也。

这段书信的大意是：

近来悟出天地间的道理，刚柔互用，不可偏废。太柔就会颓废，太刚就会折断。刚不是暴戾的意思，强势矫正罢了。柔不是卑下软弱的意思，谦虚退让罢了。办事情、赴公差要强势，争名夺利要谦退；开创家业要强势，守成安乐要谦退；出外与别人处理关系要强势，在家与妻儿享受要谦退。

如果一方面建功立业，外享盛名：一方面又要买田建屋，追求厚实舒服的生活。那么，两方面都有满盈的征兆，完全缺乏谦退的理念，那绝不能长久。这是我所深信不疑的，也是弟弟们应该默默地体会的！

这是曾国藩写给两位弟弟的信，他告诉弟弟们，励志是必需的，刚毅也是必要的。但是要能够刚柔兼备，太刚了容易折断，太柔了容易颓废，都成不了事。另外，人的一生不论是齐家还是治国都要讲分寸，不宜过分，要懂得"谦退"，一旦"满盈"必不能长久。其实这些要点，都是历代贤达修身齐家治国平天下不可或缺的德行。

2. 过犹不及

孔子是中庸理论的奠基人。有一回子贡问孔子："先生，子张与子夏两人，哪一个更好一些呢？"子张是孔子的得意门生，他的名字叫颛孙师。子夏也是孔子得意弟子，他的名字叫卜商。孔子寻思了一下说："子张做事过头了，子夏还没有做到位。"子贡又接着问："是不是子张要好一些呢？"孔子说："过了头就像没有达标一样，都是没有掌握好分寸的表现。"这就是"过犹不及"这个词的由来。

又有一次，孔子带着弟子们在鲁桓公的庙堂里游览，看到一个非常容易倾斜翻倒的东西，孔子围着那东西看了好几圈，左看右看，还用手摸摸，转动了几下，却始终没弄清楚它究竟是干什么用的。于是，就问守庙人："请问，这是做什么用的器物？"守庙人说："这是放在座位右边的器物！"孔子恍然大悟说："是啊，我听说过这种器物。它什么也不装的时候就倾斜，装上东西如果分量正好，它就会端正过来，装满了它就会翻倒。君王把它作为最好的警诫物品，所以总是放在座位的右侧。"

孔子立刻让弟子们去弄些水来试一下。子路取来了水，慢慢地往里倒，水少的时候，它还是倾斜的，等水到了适量的时候，它就完全端正了，一旦水装满，手松开它就翻倒，多余的水就流出去了。孔子感慨道："哎呀！我明白了，哪有装满了而又不倒的东西呢。"子路就问道："请问先生，有保持满而不倒的办法吗？"孔子答道："过于聪明，用笨拙来调节；功盖天下，用退让来调节；威猛凶悍，用怯懦来调节；富甲八方，用谦恭来调节。这就是抑制过分、达到适中状态的办法。"学生们听了连连点头。

子路又接着问："古时候的帝王，除了在座位旁边放置这种器物来警示自己外，还用什么办法来防止自己的行为走极端呢？"孔子说："上天生了老百姓，又给他们定了国君，让国君去治理老百姓，不让他们失去天性。有了国君又为他设置辅佐，让辅佐的人保护他、提醒他不让他做过分的事情。因此，天子下面有公，诸侯下面有卿，卿设置侧室，大夫有副手，士人有朋友，平民百姓、技工商人，甚至干杂活的、放牛马的，都有亲近的人来相互辅佐。有功劳就奖赏，有错误就纠正，有灾难就救援，有过失就改正。自天子以下各有父子兄弟，来审查、补救他的过失。史官记写历史，乐师创作诗歌，乐工诵读箴谏，大夫规劝开导，士人嘲讽，平民责谤，商人在市场上议论。各种身份的人用不同的方式进行规谏，从而使国君不至于在老百姓头上任意妄为，放纵他的邪恶。"

子路仍然穷追不舍地问道："先生，您能不能举出个具体的君主来说明一下。"孔子说："好啊！卫武公就是个典型。他九十五岁的时候，还诏令全国说：'从卿以下的各级官吏，只要在位，拿着国家的俸禄，就不要认为我已经昏庸老朽而丢开我不管，一定要不断地提醒、开导我。我乘车时，护卫在旁的警卫人员要规劝我；在朝堂之上，应该让我看到前朝的典章制度；我伏案工作时，应设置座右铭来警示我；在寝宫休息时，左右侍从应该告诫我；处理政务时，应该有史官来开导我；我闲居无事时，应该让我听听百工的讽谏。'卫武公就是用这些话来警策自己，使自己的言行不至于忘乎所以、走向极端。"

众弟子听了孔子这番话，无不感佩地点头称赞，也明白了过犹不及的道理。

过犹不及，不仅是历代先贤和仁人君子的一种品德，更多地表现在他们日常的待人接物之中。所以在传统家教中，总是能看到关于这方面的教诲。《袁氏世范》就有两则训导，说得特别好：

一是"凡事不可过分"。

人有詈人而人不答者，人必有所容也。不可以为人之畏我而更求以辱之。为之不已，人或起而我应，恐口喋而不能出言矣。人有讼人而人不校者，人必有所处也。不可以为人之畏我而更求以攻之。

为之不已，人或出而我辨，恐理亏而不能逃罪也。

大意是说：

有的人受到他人辱骂而不予理会，这个人一定涵养高深，容忍了骂人的人。我们不能认为这个人是惧怕而不予理会，又进一步去侮辱他。如果总是这样做，人家就有可能奋起反击我们，到那时我们恐怕就会吓得说不出话来了。有人和别人争讼，而别人不计较，这是别人有自己的考虑。我们不要认为别人是畏惧而不计较，又进一步去攻击人家。攻击个没完没了，人家站出来和我们辩论，我们恐怕就会理亏而难辞其咎了。

这段家训告诉后人：世上往往有那么一种人，喜欢得寸进尺。侮慢了别人，别人不予理睬，他不理解这是人家对他的包容，反倒认为别人害怕他，于是便变本加厉，越发嚣张跋扈。可是再有修养的人，容忍也是有限度的，不知节制，难免要自讨苦吃。所以，贤明的人懂得收敛的道理，凡事不要做得太过分，无论是一个普通百姓，还是当权者都是这样。这就叫人贵有自知之明。

二是"富贵不宜骄横"。

富贵乃命分偶然，岂宜以此骄傲乡曲？若本自贫窭，身致富厚，本自寒素，身致通显，此虽人之所谓贤，亦不可以此取尤于乡曲。若因父祖之遗资而坐缝肥浓，因父祖之保任而驯致通显，此何以异于常人？其间有欲以此骄傲乡曲，不亦羞而可怜哉？

意思是说：

谁富谁贵，在人生中是颇为偶然的事情，岂能因为富贵了便横行乡里、作威作福。如果本来贫穷，后来发财致富；或是本来出身微贱，后来身居高官，这种人虽然被世人视为有才能，但也不能因此而在家乡过于招摇，甚至为富为官不仁。如果因为祖先的遗产而过上富足生活，依靠父亲或祖父的保举而获得官位，这种人与常人有什么区别？他们中如果有人想在乡亲们面前炫富夸官，这种炫耀不仅令人感到羞愧，而且令人感到可怜。

中国有句古话，叫作"贫贱不能移，富贵不能淫"。人生在世，或富或贵，因素很多。或勤劳致富、财源滚滚，或才学过人、官运亨通，或先辈的遗产丰厚、躲都躲不掉，总之，富贵显达了，断不可过分张扬、无度招摇，四处炫耀，甚至骄横乡里耍威风。那样的话必为人所鄙视，以致给自己招来祸患。

钱镠是一位君子型的国君，他的处世哲学就相对圆融一些，但核心还是中庸，他在家训里说："小人固当远，断不可显为仇敌；君子固当亲，亦不可曲为附和。"意思是：小人固然应该疏远，但一定不要公然成为仇敌；君子固然应该亲近，也不能失去原则不讲是非。可见其为人处世，是很讲究分寸的。

3. 物极必反

物极必反这个词出自《吕氏春秋·博志》，原话是："全则必缺，极则必反。"大意是说：事物发展圆满了以后，必然由极致走向它的反面（衰败）。这是世间事物的发展运行规律，为人处事往往也是这个道理。所以中国人常讲适可而止，意思是即使是好的事情，也不要过头，否则就会变成坏事。《颜氏家训·教子》中有这样一段训导：

> 吾见世间，无教而有爱，每不能然。饮食运为，恣其所欲，宜诫翻奖，应诃反笑，至有识知，谓法当尔。骄慢已习，方复制之，捶挞至死而无威，忿怒日隆而增怨，逮于成长，终为败德。孔子云"少成若天性，习惯如自然"是也。

> 凡人不能教子女者，亦非欲陷其罪恶，但重于诃怒，伤其颜色，不忍楚挞惨其肌肤耳。当以疾病为谕，安得不用汤药针艾救之哉？又宜思勤督训者，可愿苛虐于骨肉乎？诚不得已也！

> 人之爱子，罕亦能均。自古及今，此弊多矣。贤俊者自可赏爱，顽鲁者亦当矜怜。有偏宠者，虽欲以厚之，更所以祸之。共叔之死，母实为之；赵王之戮，父实使之。刘表之倾宗覆族，袁绍之地裂兵亡，可为灵龟明鉴也。

这段话的意思是：

见到世上那种对孩子缺乏教育而只是一味溺爱的，我总是不敢苟同。任意放纵孩子吃喝玩乐，不加管制，该批评的时候反而夸奖，该责骂时反而嬉笑，到孩子长到懂事的时候，就认为道理本来就是这样。到骄傲怠慢已经成为习惯时，才想起来加以制止，那个时候，纵使用鞭子、棍棒抽打，惩罚得再严厉狠毒也缺乏威严，愤怒冲天也只会增加儿女的怨恨，等到其长大成人，最终成为品德败坏的人。孔子说："从小养成的就像天性，习惯了的也就成为自然。"是很有道理的。

普通人不能教育好子女，也并非想要使子女陷入罪恶的境地，只是不愿意使他因受责骂训斥而心神沮丧，不忍心使他因挨打而肌肤苦痛。就拿人生了病来说，难道能不用汤药、针刺和艾灸来医治就能自己好了吗？由此来理解那些经常认真督促训诫子女的人，难道愿意对亲骨肉刻薄虐待吗？实在是不得已而为之啊！人们爱孩子，很少能做到一视同仁，从古到今，这种弊病一直都不少。有的孩子聪明伶俐、漂亮可爱，自然博得家长的喜爱，可调皮愚钝的孩子也应该受到家长的怜悯。那种有偏爱的家长，本意是想对孩子有所厚爱，却反而会给他招来灾祸。共叔段的死，就是他的母亲造成的。赵王被杀害，也是他父亲一手造成的。刘表的宗族覆灭，袁绍的兵败国亡，这些事情就像用灵龟占卜一样，明镜可鉴啊。

这段话就是在叮嘱人们，对孩子不能溺爱，溺爱就是爱过了头的爱，早晚会害了孩子。一定要严加训导管教，不能心软，骄纵就是贻害；另外，教子必须从小抓起，树立父母应有的威严。否则，不好的习惯根深蒂固，再费力也不讨好。这些教子原则，对后代产生了积极而深远的影响。所谓"娇宠无孝子"已成为中华教育传统中的优秀法则。

上面颜之推在《家训》中所说的"共叔段的死，就是他的母亲造成的"是一个著名的教子故事，叫"郑伯克段于鄢"。据《左传》记载：

初，郑武公娶于申，曰武姜。生庄公及共叔

段。庄公寤生，惊姜氏，故名曰"寤生"，遂恶之。爱共叔段，欲立之，亟请于武公，公弗许。及庄公即位，为之请制。公曰："制，岩邑也，虢叔死焉，佗邑唯命。"请京，使居之，谓之"京城大叔"。

祭仲曰："都，城过百雉，国之害也。先王之制：大都，不过参国之一；中，五之一；小，九之一。今京不度，非制也，君将不堪。"公曰："姜氏欲之，焉辟害？"对曰："姜氏何厌之有？不如早为之所，无使滋蔓。蔓，难图也。蔓草犹不可除，况君之宠弟乎？"公曰："多行不义，必自毙，子姑待之。"

既而大叔命西鄙、北鄙贰于己。公子吕曰："国不堪贰，君将若之何？欲与大叔，臣请事之；若弗与，则请除之，无生民心。"公曰："无庸，将自及。"大叔又收贰以为己邑，至于廪延。子封曰："可矣。厚将得众。"公曰："不义不昵，厚将崩。"

大叔完聚，缮甲兵，具卒乘，将袭郑。夫人将启之。公闻其期，曰："可矣！"命子封帅车二百乘以伐京。京叛大叔段。段入于鄢。公伐诸鄢。五月辛丑，大叔出奔共。

故事说的是：

很久以前，郑国的君王郑武公在申国娶了一妻子，叫武姜，武姜生下两个儿子，庄公和共叔段。庄公出生的时候难产，脚先生出来，武姜受到了惊吓，因此给他取名叫"寤生"，意思是逆着出生，所以很厌恶他。武姜偏爱共叔段，想立共叔段为世子，多次向郑武公请求，武公都没有答应。

庄公即位以后，武姜就替共叔段求情，请求把他分封到制邑这个地方去。庄公说："制邑是个险要的地方，从前虢叔就死在那里，若是分封给弟弟其他城邑，我都可以照吩咐办。"武姜便请求分封到京邑这个地方，庄公答应了，让他住在那里，称他为京城太叔。大夫祭仲说："分封的都城如果城墙超过三百方丈长，那就会成为国家的祸害。先王的制度规定，国内最大的城邑不能超过国都的三分之一，中等的不得超过它的五分之一，小的不能超过它的九分之一。京邑的城墙过长，不合法度，是法制所不允许的，恐怕对您有所不利。"庄公说："母亲姜氏想要这样，我怎能躲开这种祸害呢？"祭仲回答说："姜氏哪有满足的时候！不如及早处置，别让祸根滋长蔓延，一旦滋长蔓延就难办了。蔓延开来的野草都还不能铲除干净，何况是您那受母亲宠爱的弟弟呢？"庄公说："多做不义的事情，必定会自己垮台，你就等着瞧吧。"

过了不久，共叔段想办法，使原来属于郑国西边和北边的边邑也背叛庄公，归顺了自己。公子吕对庄公说："国家不能有两个国君，现在您打算怎么办？您如果打算把郑国交给太叔，那么我就去服侍他；如果不给，那么就请除掉他，不要让老百姓产生二心。"庄公说："不用除掉他，他自己将要招来灾祸的。"太叔又把原来共管的边邑改为自己统辖，一直扩展到廪延这个地方。公子吕说："可以行动了！土地扩大了，他将得到老百姓的拥护。"庄公说：

"对君主不义，对兄长不亲，土地虽然扩大了，他也会垮台的。"

太叔修治城郭，聚集百姓，修整盔甲武器，准备好兵马战车，打算偷袭郑国。武姜想要打开城门做内应。庄公打听到共叔段偷袭的时间，这才说："可以出击了！"命令子封率领车二百乘，去讨伐京邑。京邑的老百姓背叛了共叔段，共叔段于是逃到鄢城。庄公又追到鄢城攻打他。五月二十三日，共叔段逃到了共国。

这个故事很有影响，是历史上母亲过度溺爱孩子，最后酿成悲剧的典型案例。从中庸的角度分析，作为母亲的武姜犯了两个错误：一是中庸的精神讲究不偏不倚，意思是处理事情要掌握平衡，不能过度偏袒一方、厚此薄彼。武姜在对待两个儿子的问题上，明显偏袒共叔段，这肯定是不应该的。二是对自己所喜欢的二儿子溺爱太过，显然肆意恣纵，不仅争要封地，而且看着小儿子谋反，甚至还要为虎作伥，导致他最后灭亡。所以说爱也要有理、有度，过了头就不是爱而是祸了。

正因为懂得这个道理，历代许多贤哲君子都对子女谆谆教诲、严加训导。清代大臣林则徐官至总督，但是在给儿子的家书中依然严肃告诫说：

> 吾儿虽早年成功，折桂探杏，然正皇恩浩荡，邀幸以得之，非才学应如是也。此宜深知之。即为父开八轩，握秉衡，亦半出皇恩之赐，非正有此才力也。故吾儿益宜读书明理，亲友虽疏，问候不可不勤；族党虽贫，礼节不可不慎。即兄弟夫妇间，亦宜尽相当之礼。持盈乃可保泰，慎勿以作官骄人。

意思是说：

我儿虽然早年科场得意，殿试取得名次，但这都是由于皇恩浩荡，你侥幸得到的，并不是凭你真才实学得到的。这一点你要牢记。即使我坐着八尺轩车，手握大权，也多半是由于皇上的恩赐，并不是我恰好有这样的才智与能力。因此我儿更要读书明理。即使是不够熟悉的亲友，也一定要经常问候；即使是比较贫穷的同族亲戚，礼节也一定要周到。即使是兄弟、夫妇之间，也应当尽相应的礼节。平稳地守住已有的家业才能求得安宁，不要因为做过官就在别人面前怠慢骄纵。

这种为人处世的谦恭谨慎，才算得上深得中庸之真谛啊。

第四章
知行篇

养善积德『心即理』，贵在躬行『致良知』。

1. 知行之艰

"知行"是中国传统哲学的重要范畴，最早见于《尚书》与《左传》，《尚书·说命》有"非知之艰，行之惟艰"，意思是说：明白道理并不难，实际做起来就难了。《左传·昭公十年》有"非知之实难，将在行之"的故事：

子皮要去给晋平公吊唁，想带着财钱去。大夫子产说吊唁不用带着财钱。还给子皮算了一笔账，带财钱就需要很多人押运保护，一时半会回不来，最后财钱都消耗在路上了，什么也剩不下。子皮不听，还是那样做了。结果真的应验了子产的话。

书上记载说：子皮尽用其币。归，谓子羽曰："非知之实难，将在行之。夫子知之矣，我则不足。《书》曰：'欲败度，纵败礼。'我之谓矣。夫子知度与礼矣，我实纵欲而不能自克也。"

子皮用完了全部的财礼。回国后对子羽说："学习与懂得道理并不是最难的，而最难的是在去实行。子产他老人家懂得道理，我却连道理还懂得不够。《尚书》中'欲望败坏法度，放纵败坏礼仪。'这说的就是我啊。子产他老人家懂得法度和礼仪了，我确实是放纵欲望而不能克制自己。"

这个故事告诉我们，在人生道路上，知难行易还是知易行难？相比而言，知难行更难。认知事物是非常复杂的过程，而从认识到付诸实践则要付出更艰辛的努力。进一步说，认知的正确与否，也只有通过实践，才能得到确认。

因此，在历代家教中，强调实践的重要性，鼓励孩子在生活实践中去积累经验、增长才干的例子，不胜枚举。我国伟大的史学巨著《史记》的诞生就与史官之家的教子有着直接关系。

司马谈是我国古代著名史学家司马迁的父亲，汉武帝初年，司马谈任太史令，主要掌管天文历史，占卜祭祀、编写史书，监管国家典籍。司马谈学识渊博，具有史学家的远见和胆识，在学术上敢于坚持自己的独立见解，实事求是。

父亲的品格和严谨的治学精神深深影响了司马迁。二十岁时，父亲希望他也能成为一名史官，便鼓励他去游历祖国的山川，探寻历史古迹，采集民俗民风和各种历史传说。司马迁于是从长安出发，在汨罗江边，凭吊了爱国诗人的屈原；在沅湘之滨的九嶷山，寻找了舜帝南巡驾崩所葬之地；在浙江会稽山考察了大禹治水的故地；在姑苏山探寻了当年吴越之争的古战场；他踏上了齐鲁大地，收集了孔孟的言行轶事；他去过塞北燕山，见证了万里长城的浩大，也听闻了秦始皇奴役百姓的故事；在汉高祖刘邦的故乡沛县，了解了楚汉之争的史实。这些经历与历史事件激发了司马迁的人生热忱，并成为他后来著述《史记》的素材。

司马谈临终之前，拉着儿子的手说："我们家从周朝起，世世代代都是史官，子承父业，我死以后，你一定要继续当太史令，继承我们祖辈的事业呀！"司马谈告诫儿子："孔子死后已经有四百多年了，可是诸侯争霸，相互兼并，历史的记载也中断了。现在汉室兴盛，海内一统，可是我却不能把这段历史记载下来，荒废了天下文章，我心里不安啊！你要把我想写的史书写出来呀！"司马谈去世的第三年，朝廷任命司马迁为太史令，从此他开始收集整理国家的藏书和历史资料，花费了十三年的时间，克服了人生中的巨大挫折，忍辱负重、倍受艰辛，终于为中华民族留下了一部光耀千秋、传之久远的《史记》。可见，要把对一件事物的认知转化成实践，终生去践行、不屈不挠、不折不扣并取得结果，是多么艰难的一件事。

2. 知行合一

知行合一是明代心学大师王阳明提出的，王阳明所谓的"知"，主要指人的道德意识和思想意念。"行"，主要指人的道德践行和实际行动。因此，知行关系，也就是指道德意识和道德践行的关系。所以，它既可以说是一个哲学的命题，也可以看作是一个伦理学上的命题。

首先，王阳明认为知行实际上是一回事，知中有行，行中有知，不能分为"两截"。因为从道德教育上看，道德意识离不开道德行为，道德行为也离不开道德意识。其次，以知为行，知决定行。王阳明说："知是行的主意，行是知的工夫；知是行之始，行是知之成。"意思是说，道德是人行为的指导思想，按照道德的要求去行动是达到"良知"的工夫；在道德指导下产生的意念活动是行为的开始，符合道德规范要求的行为是"良知"的完成。

苏轼一生宦海浮沉，多次被贬官、流放，仕途极为坎坷。但是他性格豪爽，心胸豁达，总是以乐观的态度面对挫折，并善于从不幸的际遇中总结经验，也善于从客观事物中发现规律。他的《石钟山记》就是一篇著名的教子之作。

有一天，苏轼与儿子苏迈谈到了鄱阳湖畔石钟山的名字是怎么来的，苏迈翻了很多书去考证，他找到郦道元的《水经注》，其中有对石钟山的描绘，"下临深渊，微风鼓浪，水石相搏，得双石于潭上，扣而聆之，南声函胡，北音清越，止响腾，余音徐歇"。苏轼认为根据《水经注》的描写就下结论有些牵强，苏迈还要继续翻别的书，苏轼说："算了吧！要想研究和考证明白，应该去实地考察，而不能只靠资料，听别人怎么说。"关于石钟山名字的由来，就在苏轼父子心中留下了一个悬念。

直到元丰七年（1084）六月，苏迈去饶州德兴县（今江西省鄱阳湖东）任县尉，父亲苏轼送他到湖口，父子俩想起五年前的那个关于石钟山悬而未决的问题，于是他们俩就一起去了实地。他们到了山上，有一座寺庙，庙里的主持让小童拿着斧头，在乱石中间选一两处敲打它，硿硿地发出声响，苏轼觉得很好笑，并不相信这就是石钟山名字的由来。到了晚上，乘着月色，苏轼和苏迈坐着小船来到断壁下面。巨大的山石倾斜着仃立水中，有千尺之高，就像凶猛的野兽和奇异的鬼怪，阴森森地想要扑向来人；山上宿巢的老鹰，听到有人声也惊飞起来，在云霄间发出磔磔声响；又有像老人在山谷中咳嗽并且大笑的声音，有人说这是鹳鹤发出的声响。苏轼见状心惊肉跳正想返回，忽然听到水上发出巨大的声响，声音洪亮，就如同不断地敲钟击鼓。船夫很害怕。苏轼与儿子又继续慢慢地探察，见山下都是石穴和缝隙，不知它们有多深，细微的水波涌进石缝，是水波激荡而发出的声音。船回到两山之间，即将要进入港口，有块大石头正对着水的中央，上面可坐百来个人，中间是空的，而且有许多洞，把清风水波吞进去又吐出来，发出窾坎镗鞳的声音，与先前噌吰的声音相互应和，就好像正在演奏的音乐。于是，苏轼笑着对苏迈说："你知道那些典故吗？那噌吰的响声，是周景王射钟的声音，窾坎镗鞳的响声，是魏庄子歌钟的声音。古人没有欺骗我啊！"

苏轼意味深长地对儿子说："看来，考察清楚一件事并不难，只要亲自来看看就知道了，可是有很多人却不愿意下这个功夫，总想走捷径，到书本里去寻找现成的答案，这就难免会有不正确的，结果是以讹传讹。你一定要记住：事不目见耳闻，而臆断其有无，永远不会有正确的结论。一定要求实啊。"

为了让儿子能记住这次考察的重要意义，苏轼写下了流传千古的名篇《石钟山记》。这篇文章通过记叙苏轼对石钟山名字由来的探究，说明要认识事物的真相必须"目见耳闻"，切忌主观臆断的道理。

这篇文章通过夜游石钟山的实地考察，对郦道元关于石钟山得名的说法进行了分析批评，提出了"事不目见耳闻不能臆断"的观点。苏轼向儿子提出了一种学习态度，也是向儿子提出了要求：要具有调查研究、亲身实践的求实精神。这在现在家庭教育中是非常有意义的。近代教育家陶行知在他的"生活教育"理论中也倡导"知行合一"，认为"行是知之始，知是行之成"。陶先生强调"亲知"，即从"行"中得来，亲身得来；而不仅仅是"闻知"，从师得来，或从书本得来。在孩子还小的时候，经常进行求实精神教育，使其养成求真务实、善于探究的学习态度，对其日后的成长是大有裨益的。

3. 学以致用

64

学以致用指的是把学习到的知识应用于实际，最根本的是要把理论的知识和实际的应用结合起来，然后按照理论的要求通过实践应用到实际生活中，再把从实践中遇到的新问题，通过学习新的知识来解决。就这样不断互动，促进学习和实践，逐步提升自己的知识水平与实践能力。治学修身是这样，为人处世是这样，建功立业也是这样。没有人一生下来，就什么都懂、什么都会，都是在知与行的相互促进、不断提高中积累知识、增长才干的。

《颜氏家训·勉学》说：

学之兴废，随世轻重。汉时贤俊，皆以一经弘圣人之道，上明天时，下该人事，用此致卿相者多矣。末俗已来不复尔，空守章句，但诵师言，施之世务，殆无一可。故士大夫子弟，皆以博涉为贵，不肯专儒。

以外率多田野间人，音辞鄙陋，风操蚩拙，相与专固，无所堪能。问一言辄酬数百，责其指归，或无要会。邺下谚云："博士买驴，书卷三纸，未有'驴'字。"使汝以此为师，令人气塞。孔子曰："学也禄在其中矣。"今勤无益之事，恐非业也。夫圣人之书，所以设教，但明练经文，粗通注义，常使言行有得，亦足为人；何必"仲尼居"即须两纸疏义，燕寝讲堂，亦复何在？以此得胜，宁有益乎？光阴可惜，譬诸逝水。当博览机要，以济功业；必能兼美，吾无间焉。

大意是说：

学习风气是否浓厚，取决于社会是否重视知识的实用性。汉代的贤能之士，都能凭借一种经术来弘扬圣人之道，上通天文，下知人事，以此被封官拜相的人很多。汉代末年开始，清谈之风盛行，读书人拘泥于章句，只会背诵老师前辈的言论，真正用在时事政务上的，几乎一个也没有。所以士大夫家的子弟，都讲究广泛涉猎、读各种书，不愿意成为视野狭窄的专家。

除此之外，大多数都是田野乡间人士，言语鄙陋，举止粗俗，还都刚愎自用、陈腐保守，什么能耐也没有。你要是问他一件事，他就得回答几百句，还是说不清楚，很是不得要领。邺下有俗谚说："博士买驴，写了三张契约，没有一个'驴'字。"如果让你们拜这种人为师，真会被气死。孔子说过："学习优秀，俸禄就在其中。"现在有人只在无益的事上白费力，恐怕算不上是务正业吧！圣人的典籍，是用来教化人的，只要熟悉经文，明白其中大义，让自己的言行得体，能够立身做人就行了。何必"仲尼居"三个字就得用上两张纸的注释，去弄清楚究竟"居"是在闲居的内室还是在讲习经书的厅堂，这样就算分析讲解对了，你这么认为、我那么理解，争来吵去，有什么意义呢？争个谁高谁低，又有什么益处呢？光阴似箭，应该珍惜，它像流水一样，一去不复还。还是应当博览经典著作，弄明白其中的精要，用来成就人生、建功立业，如果能两全其美的话，那我也就没必要再说什么了。

《勉学》是《颜氏家训》中的重点篇章。勉学，顾名思义就是努力学习。作者首先把学习看成是人生中最重要的内容，就在于"人生在世，会当有业"，它是"安身立命之本"。但是，学习必须与实践相结合，做到学以致用、知行和一。不学无术自然什么都无从谈起，但是只知道书本字义，不会应用到实际生活，没能力参与社会实践，仍旧是一事无成。所以，学习重在理解圣哲先贤的本意，抓住要领，领会那些对实际应用有价值的知识。而不能钻牛角尖，尤其不要在那些意义不大的问题上耗费时间和精力。因此，对于学习者来说，重在学以致用，不光要勉学、苦学，还要善学才好。

康熙皇帝是一位特别注重实际能力，讲究知行合一、学以致用的人，他在《庭训格言》中说：

> 读书以明理为要。理既明则中心有主，而是非邪正自判矣。遇有疑难事，但据理直行，则失俱无可愧。《书》云："学于古训乃有获。"凡圣贤经书，一言一事俱有至理，读书时便宜留心体会，此可以为我法，此可以为我戒。久久贯通，则事至物来，随感即应，而不特思索矣。

这段训导的意思是说：

读书最重要的是明白事理，事理明白了心中就会有主见，于是，对是非曲直自有判断。遇到疑难的事情，只要根据自己明白的道理去面对，就是出现失误，也没有什么可后悔的。《尚书》里说："学习古训必有收获"，所有的圣贤经书，记录的每一句话每一件事都是至理名言，读书学习的时候都应该用心去体会，这就是我明事理的方法，也是我祛除愚昧的途径。久而久之，触类旁通，无论遇到什么情况都能随心应对，用不着再前思后想。

这段庭训阐明两个道理：一是读书的关键在于明理，明理才会有主见，有主见才能判断是非曲直，明白是非曲直才知道怎样妥善处理复杂的事情。二是书读得多了，贵在触类旁通，从一个道理明白许多其他的道理，遇事才有解决问题的能力，自然可以随心应对。以上两点，都和读书有关，又都不是仅靠书本上的内容去解决问题。书是死的，人是活的，能力是最重要的，康熙皇帝的训示发人深省。

4. 表里如一

知行合一，一方面强调道德意识的自觉性，要求人在内在道德精神的养成上下功夫；另一方面也重视道德的实践性，指出人要在事上磨炼，要言行一致，表里一致。

儒家有一个重要的修身概念叫"慎独"，"慎"就是小心谨慎；"独"就是独处独为。意思是说，在没有人监督的情况下，自觉控制自己的欲望。"慎独"，语出《中庸》："莫见乎隐，莫显乎微，故君子慎其独也。"意思是当独自一人而没有其他人监督时，也要表里如一，不欺人，不自欺。这是知行合一、表里如一、言行如一的最高境界。真正的圣贤君子，都是讲究个人道德修养，看重个人品行操守的。一个人在独处的时候，即使没有人监督，也能严格要求自己，自觉遵守道德准则，不做任何不道德的事。

应该说，历代圣贤君子，能做到表里如一、言行如一的不乏其人、数不胜数。而曾国藩可谓名列前茅。《清史稿·曾国藩传》说："国藩事功大于学问，善以礼运。"被誉为"晚清第一名臣""官场楷模"的曾国藩，一生勤奋读书，推崇儒家学说，讲求经世致用的实用主义，成为孔子、孟子、朱熹之后再度复兴儒学的"大师"，实现了儒家立功、立德、立言"三不朽"的理想境界，被誉为"中华千古第一完人"。

梁启超在《曾文正公嘉言钞》序内说曾国藩：

> 岂惟近代，盖有史以来不一二睹之大人也已；岂惟我国，抑全世界不一二睹之大人也已。……其一生得力在立志自拔于流俗，而困而知，而勉而行，历百千艰阻而不挫屈，不求近效，铢积寸累，受之以虚，将之以勤，植之以刚，贞之以恒，帅之以诚，勇猛精进，坚苦卓绝……

大意是说：

曾公是中国有史以来、世界范围之内少有的高人。他一生都立志高远、脱俗超凡，面对困惑而求知，勉励自我而奋进，历经无数艰难险阻从不言败屈服，眼光长远、耐心积累，以虚怀若谷接受知识，以勤恳谨慎做人做事，以刚正弘毅培植品德，以坚忍不拔守住节操，以笃意真诚引领世风，勇敢猛烈地推进，坚韧刻苦地超越。这样评价激赏一个人，古今不多见。

同治十一年（1872）三月十二日，六十二岁的曾国藩在儿子曾纪泽的搀扶下散步，他说："我这辈子打了不少仗，打仗是件最害人的事，造孽，我曾家后世再也不要出带兵打仗的人了。"忽然，他连呼"脚麻"，倒在儿子身上。临危之际，他抬手指了指桌子上早已写好的遗嘱：

> 余通籍三十余年，官至极品，而学业一无所成，德行一无可许，老人徒伤，不胜悚惶惭赧。今将永别，特立四条以教汝兄弟。

意思是说：

我步入仕途三十多年，当官当到了最大，而学业没有什么造诣，德行也没有什么可嘉奖的，人也老了，徒自悲伤，非常惶恐惭愧。今天就要永远地分别了，特地立下四条遗训教导诸位兄弟。

曾国藩遗训虽是曾公去世前公布的，但却是他在心中酝酿许久的教诲之言。既是曾国藩进德修身的人生总结，也是他为人处世的体会心得，更是他训导后辈的苦口良言，可以说是情深意切、语重心长。这四方面的意思是：

一是慎独则心安。在曾国藩看来，一个人要修行，最难的是修心，修心最难的是慎独，慎独才能心安。先贤曾子曰："十目所视，十手所指，其严乎。"意思是说：在大庭广众之下，有着严格的监督。人们做事情自然慎重，不愿让事情出错误，也不愿冒着被大家看到抓到的危险谋取私利。但在独处的时候，没有人监督，人其实更要慎重。所谓，君子坦荡荡，就是在检省自己的时候能够心灵安稳、没有愧疚，可以坦坦荡荡地面对天地神灵。自己的内心就会愉快、欣慰、平稳，这是人自立快乐的源泉，是立心守身的基础。

二是主敬则身强。敬就是恭敬，要做到态度严肃、内心专注、衣着整洁，庄重严谨地为人处世，那么掌握的知识就会与日俱增。如果能做到，无论对个人还是人群、大事小情都能态度恭敬而不懈怠，那么身心就会因为得到磨炼而更加强健。只要持之以恒地下功夫，不断提高自己，敬事必能成事。

三是求仁则人悦。仁爱的人会给世界带来快乐，因为每个人的生命，都遵循着天地的道理，无论官员还是百姓都同是世间生灵，如果只知道满足自己的私心而不知道爱护他人，那么就违背了天道，这种人不会得到神灵的庇护，生命不会长久。具有仁心的人，就是要使得生命能够延续，得以发展。人与人也是如此。《论语》里讲："己欲立而立人，己欲达而达人。"意思是说：想成就自己首先就要成就他人，要想富贵自己首先就要富贵他人。大家都得到发展，别人快乐，自己也才能快乐。

四是习劳则神钦。如果一个人每天的吃穿用度，与他每天所做的事所出的力相当，则会得到他人的赞同，连神灵也会称许。对自己而言，学习技艺，强健筋骨，在困境中奋力拼搏，可以磨炼心智增长才干。对社会而言，可以救百姓于水深火热、饥寒交迫。而古代的圣君贤相，也无不以勤劳自勉。所以，辛勤工作可以提高自己的能力，因为对他人有价值而为社会所用。相反，安逸无能的人，终究会因为对别人毫无价值被社会所抛弃。

曾国藩说："此四条为余数十年人也之得，汝兄弟记之行之，并传之于子子孙孙。则余曾家可长盛不衰，代有人才。"意思是说：以上四条是我几十年人生宝贵经验，诸位兄弟谨记在心、遵照执行，并代代相传直至子孙后代。这样的话，咱们曾家就可以长盛不衰，人才辈出。

其实，岂止曾氏一族，若真如此，我泱泱中华，亦复如是。

曾国藩的遗嘱，不仅是对自己一生德行的总结，也是对曾氏子孙后代，更是对华夏后来人的谆谆教诲，尤其是第一条"慎独则心安"，至今仍有着不可多得的价值。

《颜氏家训》里有个"名实"篇，专门讲名实要相副，其实就是知行要一致，表里要一致，言行要一致。其中有不少名不副实、表里不一而身败名裂的故事，令人发笑、引人深思：

> 近有大贵，以孝著声，前后居丧，哀毁逾制，
> 亦足以高于人矣。而尝于苦块之中，以巴豆涂脸，
> 遂使成疮，表哭泣之过，左右僮竖，不能掩之，益
> 使外人谓其居处饮食，皆为不信。以一伪丧百诚
> 者，乃贪名不已故也！

故事讲的是：

有个大官，一向以孝著称，居丧期间，哀痛的程度很过分，借此来显示自己的孝顺之情高于一般人。可他在草堆土块之中，用有毒的巴豆来涂脸，有意使脸上生疮，来显示他哭泣得多么惨烈。然而，这种做假的伎俩不能蒙过身旁童仆的眼睛，反而使社会上的人对他在服丧中的饮食起居都产生怀疑，对他的孝心也不再相信。由于一件事情作假败露，而毁掉了百件事情的真相，这就是贪求名誉不知满足的后果啊！

郑板桥平生最瞧不起表里不一、言行不一的所谓读书人，从不给这种人留情面，他在给弟弟的家书中，嘲讽这些人说：

> 我辈读书人，入则孝，出则弟，守先待后，得
> 志泽加于民，不得志修身见于世，所以又高于农夫

一等。今则不然，一捧书本，便想中举中进士做官，如何攫取金钱，造大房屋，置多田产。起手便错走了路头，后来越做越坏，总没有个好结果。其不能发达者，乡里作恶，小头锐面，更不可当。夫束修自好者，岂无其人？经济自期，抗怀千古者，亦所在多有。而好人为坏人所累，遂令我辈开不得口。一开口，人便笑曰："汝辈书生，总是会说，他日居官，便不如此说了。"所以忍气吞声，只得捱人笑骂。工人制器利用，贾人搬有运无，皆有便民之处。而士独于民大不便，无怪乎居四民之末也。且求居四民之末，而亦不可得也。

这段家书的大意是：

我们这些读书人，就应该在家孝敬父母，出外尊敬兄长，守住先人的美德，等待传给后人来继承发扬。做官得志时，把恩泽送给百姓；达不到心愿时，就修养身心，将美德展现于世。所以，又比农夫高了一等。可是现在的读书人就不是这样了，一捧起书本，便想要考中举人、进士，好加官晋爵，当上官以后，便要捞取金钱，建造大房屋，购买更多田产。一开始便走错了路，后来越做越坏，最终没有好结果。而那些在事业上没有发展和成就的人，便在乡里为非作歹，行为丑陋，更令人受不了。至于约束言行，注重自己修德养性的人，难道就没有吗？甚至期望自己达到经世济民的理想，使自己的心智高尚，媲美古人的人，也到处都有。但是好人总是被坏人所牵累，于是让我们也难以开口。一开口说话，别人便笑说：你们这些读书人总是会说，将来做了官，就不这样说了。所以只好忍气吞声，忍受别人的讥笑。工人制造器具，让人使用方便；商人运送货物，输通有无，都有方便民众的地方。只有读书人对于人民没多大用处，难怪要列在四民中的最后一等，而且要求列在最后一等也都未必能得到呢。

郑板桥之所以这般瞧不起有些所谓读书人，不是因为他清高，而是社会上确有这样的人，号称读书人，沽名钓誉、自视清高、口是心非、表里不一，因而被世人瞧不起，常被当作笑柄。其实，历代圣贤君子，对这种人都是持否定态度的。

第五章
励志篇

有志者事竟成。——刘秀

1. 志存高远

　　一个人能不能有所作为，首先要看他有没有干事的目标、信心、决心。所谓目标、信心、决心概括起来就是志向。人的志向不是自然而然就有的，它是在人生的进程中，逐渐形成的。在这个过程中，客观的生活环境、长辈的教育训导起着至关重要的作用。"励志"说的就是这个作用。它的意思是：激励奋发向上的心志。这个词最早出自汉代班固的《白虎通·谏诤》："励志忘生，为君不避丧生。"意思是：激励奋发向上的心志不躲避危险而失去了生命。

　　所以历代圣贤君子，都在孩子很小的时候，就对他们进行励志教育，在孩子心中种下一棵志向的小树，不断浇水施肥，有朝一日这棵志向之树将根深叶茂，直至参天。当孩子逐渐明白了人生的道理后，就在自己的心里有了期许，希望自己能像长辈教诲的那样，成为理想中的那种人，这就是立志，就像小树一样有了自己成长的欲望和生命力。

　　在励志教育中，激励孩子立什么样的志，怎么样去立志，就至关重要。一代名相诸葛亮不仅自己功业有成，名垂青史，对后代的志向教育也倍受后人称赞。其中有一封《诫外甥书》最为脍炙人口：

夫志当存高远，慕先贤，绝情欲，弃凝滞，使庶几之志，揭然有所存，恻然有所感；忍屈伸，去细碎，广咨问，除嫌吝，虽有淹留，何损于美趣，何患于不济。若志不强毅，意不慷慨，徒碌碌滞于俗，默默束于情，永窜伏于凡庸，不免于下流矣！

这段内容的意思是说：

一个人应该确立远大的志向，追求仰慕圣哲先贤，掌控节制七情六欲，去掉郁结在胸中的俗欲杂念，使即将达到圣贤的那种崇高志向，在你身上清楚地凸现出来，使你精神为之震动、心灵上感悟到它的激励。要能够经得起一帆风顺、曲折坎坷等不同境遇的考验，摆脱琐碎事务和庸俗感情的纠缠，广泛地向人请教，根除自己怨天尤人的情绪。做到这些以后，虽然也可能在事业上暂时看不到进展，但那种情况并不会毁掉自己高尚的情趣，又何必担心事业不能成功呢！如果人生志向不坚毅，理想境界不开阔，沉溺于世俗私情，碌碌无为，长久地混迹于平庸的人群中，就难免沦落到下流社会，成为缺乏教养、没有出息的人。

这篇《诫外甥书》重在"励志"，即教育训导外甥如何"立志做人"。诸葛亮仅用了短短八十余字，就阐明了一个重大的人生问题。这也是多少人穷尽一生也未能弄清楚的问题。作者从必须立志、何谓立志、怎样立志、若不立志，几个层次逐渐推论，使"立志做人"的道理清晰明了地揭示出来。既表现出孔明先生丰厚的人生修养，也展露出作为长辈的语重心长。

2. 自强不息

"自强不息"语出《周易·乾》，曰："天行健，君子以自强不息。"意思是：天地乾坤、运转不停，君子自强、生生不息。古今无数仁人君子都以这句话来勉励自己，历代家教中也总能看见，但并不是每个人都做得到。然而，有一个叫林则徐的人，他的一生就是自强不息的最好写照。

林则徐1785年8月30日出生在福州一个下层知识分子的家庭。父亲林宾日，以教书为生。私塾的微薄收入无法维持生活，还要靠母亲手工劳动来分担家庭的负担。童年的家境贫寒，使他一生都保持清俭的习惯。

嘉庆九年（1804），林则徐参加乡试，中第二十九名举人。就在揭晓成绩排名的那一天，他正式迎娶郑淑卿为妻，自此林则徐与郑淑卿恩爱有加，从未纳过妾室，终生情深不渝。

1806年，林则徐受到福建巡抚张师诚赏识，招为幕僚。那时厦门的走私鸦片问题严重，历任厦门海防同知多有贪官污吏，外商行贿成风，无人打击走私。林则徐见识到鸦片的害处、烟贩伎俩，开阔了视野。

1811年，林则徐会试中选，殿试高居第二甲第四名，从此踏上仕途，实现了父母所期望的入仕做官。在京当官时期，他矢志做一个济世匡时的正直官吏。为了通于政事，"益究心经世学，虽居清秘、于六曹事例因革。用人行政之得失，综核无遗"。

1820年，林则徐外任浙江杭嘉湖道。他积极甄拔人才，建议兴修海塘水利，颇有作为。但他感到仕途上各种阻力难以应付，曾发出"支左还绌右""三叹作吏难"这样的苦闷。终于在次年七月借口父病辞官回籍。林则徐由于性情急躁,请人写"制怒"两字悬挂堂中以自警。

1822年林则徐复出,到浙江受任江南淮海道,因为整顿盐政,取得成效,受到道光皇帝的宠信,很快青云直上。1823年正月,提任江苏按察使。在任上,他整顿吏治、清理积案、平反冤狱,并把鸦片毒害视为社会弊端加以严禁。

1827年任陕西按察使、代理布政使,在任一月即调任江宁布政使。1830年秋任湖北布政使,翌年春调任河南布政使,擢东河河道总督。为了治理黄河,亲自顶着寒风,步行几百里,对备用的几千个治水商梁秸进行检查,沿河了解地势、水流情况。

1832年,调任江苏巡抚。从这一年起,他在农业、漕务、水利、救灾、吏治各方面都做出过成绩,尤重提倡新的农耕技术,推广新农具。他在实践活动中认识到:"地力必资人力,土功皆属农功。水道多一分之疏通,即田畴多一分之利赖。"林则徐这种农耕思想,都是在亲历实际考察中得来的。

1837年正月,林则徐升湖广总督。湖北境内每到夏季大河常泛滥成灾,林则徐采取有力措施,提出"修防兼重",使"江汉数千里长堤,安澜普庆,并支河里堤,亦无一处漫口",对保障江汉沿岸州县的生命财产,做出了不可磨灭的贡献。

1838年,鸿胪寺卿黄爵滋上疏主张以死罪严惩鸦片吸食者,道光帝令各地督抚各抒己见。林则徐坚决支持黄爵滋的严禁主张,提出六条具体禁烟方案,并率先在湖广实施,成绩卓著。八月,他上奏指出,历年禁烟失败在于不能严禁,并说:"若犹泄泄视之,是使数十年后中原几无可以御敌之兵，且无可以充饷之银。"九月应召进京，在连续八次召见中，力陈禁烟的重要性和禁烟方略。十一月受命为钦差大臣，前往广东禁烟，并节制广东水师，查办海口。

1839年正月抵广州。他会同两广总督邓廷桢等传讯洋商，令外国烟贩限期交出鸦片。采取撤买办工役、封锁商馆等正义措施，挫败英国驻华商务监督义律和烟贩的狡赖，收缴英国趸船上的全部鸦片。6月3日起在虎门海滩销烟，销毁鸦片19179箱、2119袋，共计2376254斤。历时23天的虎门销烟，是人类历史上旷古未有的壮举，林则徐在给外国烟商的通知中说："若鸦片一日未绝，本大臣一日不回。"由于林则徐坚定的态度和有力的措施，外国烟商被迫交出鸦片2万多箱。虎门销烟严厉地打击了外国鸦片贩子，维护了中华民族的尊严，提振了中国人民的志气。

在此期间，林则徐注意了解外国情况，组织翻译西文书报，供制定对策、办理交涉参考，被誉为中国近代"睁眼看世界的第一人"。为防范外国侵略，林则徐大力整顿海防，积极备战，购置外国大炮加强炮台，搜集外国船炮图样准备仿制。他坚信民心可用，组织地方团练，从沿海渔民、村户中招募水勇，操练教习。七月因英国驻华商务监督义律拒不交出杀害中国村民的英国水手，又不肯具结保证不再夹带鸦片，他下令断绝澳门英商接济。义律发动战争，挑起九龙炮战和穿鼻海战。

第一次"鸦片战争"中，林则徐以虎门销烟、奋力抗英而成为一代名臣、民族英雄。但也是因为禁烟和抗英，使林则徐成了朝廷的"罪臣"，遭受了5年的流放。

林则徐抗英有功，却遭投降派诬陷，被道光帝革职。他忍辱负重，于1841年7月14日，踏上戍途。途中，仍忧国忧民，并不为个人的坎坷委屈而唏嘘，当与妻子在古城西安告别时，写下了"苟利国家生死以，岂因祸福避趋之"的壮烈诗句，这既是他爱国情怀的抒发，也是他性情人格的写照。

到新疆后，林则徐不顾年高体衰，到新疆各地"西域遍行三万里"，实地勘察了南疆八个城，加深了对西北边防的认识。他明确向伊犁将军布彦泰提出"屯田耕战"这一有备无患的策略，还组织群众兴修水利，推广坎儿井和纺车，当地人们为纪念他，称之为"林公井""林公车"。林则徐根据自己多年在新疆的考察，指出沙俄威胁的严重性，临终时曾大声疾呼："终为中国患者，其俄罗斯乎！吾老矣，君等当见之。"果不其然，历史证明了林则徐是正确的！

1845年开始，朝廷重新起用林则徐，调任陕甘总督、陕西巡抚、云贵总督。在任滇都时，他提出整顿云南矿政，鼓励私人开采，提倡商办等。1849年，林则徐因病辞归，结束了他的政治生涯。1850年，清廷为进剿太平军作乱，再任命他为钦差大臣，督理广西军务。但不幸的是，林则徐于1850年11月22日在赴任途中暴卒于潮州普宁县行馆，终年66岁。

林则徐的一生，称得上是几起几落，有少年贫困，也有金榜题名；有青云直上，也有罢官流放；有虎门销烟的辉煌，也有被构陷时的神伤。但无论什么时候，他都能够自强不息，利国利民，这是真正的仁人志士，是我们学习的楷模。

曾国藩作为一代重臣，也很强调自立自强的精神，他在给弟弟的家书中就说：

从古帝王将相，无人不由自立自强做出，即为圣贤者，亦各有自立自强之道，故能独立不惧，确乎不拔。昔余往年在京，好与诸有大名大位者为仇，亦未始无挺然特立，不畏强御之意。

意思是说：

古代的帝王将相，没有一个人不是靠自强自立拼搏出来的。就是圣人、贤者，也各有自强自立的道路。所以能够独立而不惧怕，确定而坚忍不拔。我过去在京城，喜欢与有大名声、有高地位的人作对，就是要有些傲然自立、不畏强暴的意思。可见，自强不息在人生进程中，有着至关重要的作用。

张之洞也是一位清末名臣，他在给儿子的家书中说：

余少年登科，自负清流，而汝若此，真令余愤愧欲死。然世事多艰，习武亦佳，因送汝东渡，入日本士官学校肄业，不与汝之性情相违。汝今既入此，应努力上进，尽得其奥。勿惮劳，勿恃贵，勇猛刚毅，务必养成一军人资格。汝之前途，正亦未有限量，国家正在用武之秋，汝纵患不能自立，勿患人之不己知。志之志之，勿忘勿忘。

抑余又有诫汝者，汝随余在两湖，固总督大人之贵介子也，无人不恭待汝。今则去国万里矣，汝平日所挟以傲人者，将不复可挟，万一不幸肇祸，反足贻堂上以忧。汝此后当自视为贫民，为贱卒，苦身戮力，以从事于所学。不特得学问上之益，且可藉是磨练身心，即后日得余之庇，毕业而后，得

一官一职，亦可深知在下者之苦，而不致自智自
雄。余五旬外之人也，服官一品，名满天下，然犹
兢兢也，常自恐惧，不敢放恣。

信中的大意是说：

我少年科举成功，自己觉得步入清廉名流的行列。如果要是像你那样，早就愤懑愧疚得无地自容。现在世道上有很多艰险，习武很好，因此送你东渡日本求学，进士官学校进修，这样也符合你的脾气秉性。你现在已经入学，应该努力上进，要把军事上的精髓全部学会。不要畏惧辛劳，不要自恃高贵，要勇猛刚毅，务必要把自己培养成真正的军人。你的前程不可限量，国家正处在急需军人保卫祖国的关口，你只需要担心自己能不能够成才，不需担心别人了不了解自己。一定记住，千万别忘。

我还有要告诫你的事情，你和我一起在湖南湖北，自然是总督大人的尊贵公子，没有人会不恭敬地对待你。而现在你已经离开祖国万里之遥，你平时凭借那些来轻视其他人的优越条件，将会不存在了，万一大意惹出祸端，反而让我们十分担忧。你今后应该把自己看成是贫苦的普通百姓，看成是地位低下的一般士兵，吃苦尽力，要当自己就是这种身份，来面对求学时遇到的问题。这不光是学问上的长进，还要以此来磨炼身心，就算将来得到我的照顾，毕业之后谋得一官半职，也要深切了解社会底层百姓的艰苦，而不至于自认为聪明，比别人优秀。我已经是五十岁开外的人了，官居一品，天下闻名，但还是要小心谨慎，常常担心自己做错事，不敢恣意放纵。

信中有两点值得注意：一是鼓励儿子要振作精神，明确志向，

不畏辛劳，勇猛刚毅，概括成一句话，就是要自强不息。二是训诫儿子不要"自以为贵介子弟"，要"自视为贫民，为贱卒，苦身戮力，以从事于所学"。希望儿子能够自强自立，放下贵公子的身份，得到磨炼，增长才干。所谓"当必亲炙之"，用心何其良苦。由此我们不仅可以清楚地看到，张之洞作为清流领袖的人品和作为一代名臣的境界，也感悟到先贤治家的严谨。

3. 发奋图强

振作精神，努力奋斗，谋求强大。这是每一个有志向的人都向往的人生，也是一个人成就一番事业的必由之路。就像《真心英雄》里唱的，"没有人能随随便便成功"。无论多么辉煌的人物，背后都有发奋图强的经历。

中国有个成语叫"悬梁刺股"，说的就是两个先人发奋图强的故事。《战国策·秦策一》记载苏秦："读书欲睡，引锥自刺其股。"《袭太平御览》引《汉书》："孙敬字文宝，好学，晨夕不休，及至眠睡疲寝，以绳系头，悬屋梁。后为当世大儒。"

"头悬梁"中所说的孙敬，是汉朝信都（今冀州市）人。

他年少好学，博闻强识，而且读起书来不要命。晚上看书学习常常通宵达旦，邻里们都称他为"闭户先生"。孙敬读书时，时常一直看到后半夜，有时不免打起瞌睡来。一觉醒来，又懊悔不已。有一天，他找来一根绳子，绳子的一头拴在房梁上，下边这头就跟自己的头发拴在一起。这样，每当他累了困了想打瞌睡时，只要头一低，绳子就会猛地拽一下他的头发，一疼就会惊醒，睡意也会全无。从这以后，他每天晚上读书时，都用这种办法，发奋苦读。

后来，孙敬终于成为一名博古通今的大学问家，声名鹊起，常有学子不远千里，带着书或学习用具来向他求学解疑。

"锥刺股"的故事发生在战国时期。

有一个叫苏秦的洛阳人，年轻时喜欢到处游历，由于学问不深，到好多地方做事都不受重视。后来钱用光了，衣服也穿破了，只好回家。家里人看到他趿拉着草鞋，一副狼狈样，都不待见他。这对他的刺激很大，所以，他决心要发奋读书、自立自强。他常常读书到深夜，一打瞌睡，就用锥子往大腿上刺一下。这样，猛然间感到疼痛，使自己醒来，再坚持读书。

当时，秦国仗着强盛不断发兵进攻邻国，占领了不少地方。其他六国都很害怕，就想方设法去对付它。苏秦提出"合纵"抗秦，意思是六国联合起来共同抗秦。因为六国位置是纵贯南北，南北为纵，所以称为"合纵"。公元前334年开始，苏秦到六国去游说，宣传"合纵"的主张，结果成功了。第二年，六国诸侯订立了合纵联盟。苏秦挂了六国的相印，成了显赫的人物。

这是两个连小学生都知道的故事，小学课本是把他们作为勤奋学习的楷模收入的。任何一个人，若是发奋，有了图强的信心和决心，一定能克服各种困难，去达成目标。

曹操是三国曹魏政权的缔造者，以雄才大略闻名于世，被称为一代枭雄。同时，曹操还是一位出色的教育家，他培养教育孩子的事迹一直为后人所称道。三国时期，是人才辈出的时代，在众多英雄豪杰中，曹操最仰慕孙权的才能，曾发出"生子当如孙仲谋"的感叹，他希望自己的儿子也能成为孙权这样德才兼备的政治家。为考验他们，他颁布了一道《诸儿令》，表明了他对孩子们的要求。《诸儿令》中说："今寿春、汉中、长安先欲使一儿各往督领之，欲择慈孝不违吾令，亦未知用谁也。儿虽小时见爱，而长大能善，必用之，吾非有二言也。不但不私臣吏，儿子亦不欲有所私。"意思是说：当今寿春、汉中、长安这三个重镇，先打算各派一个儿子去驻守治理。想选派慈善、孝顺不违背我命令的，不知道谁能胜任。儿子们小时候我都很疼爱，但长大以后德才兼具的，我一定重用他。我说话算数，我对我的部下没有偏心，对儿子们也一样不会有偏心。

　　曹操以此来告诫儿子们，他不会"有所私"，只有儿子长大后"慈孝"尚德行、"不违吾命"守规矩、"能善"有本事，才会得到重用。此举是给众多儿子们提供了一个公平竞争的机会。

　　曹操教育孩子的目标很明确。他要培养的是能够担负治国平天下重任的贤能之才，因此，他把对诸儿的培养作为他政治军事生涯中的一件大事。在实际教育中，曹操有他自己的独特的教育方法，或是激励鼓舞，或是因材施教，或是严格要求。概括为一句话，就是要孩子们都能胸怀大志、发奋图强。

　　曹操根据孩子的性格特点和兴趣爱好鼓励儿子们发展自己的特长。曹彰"少善射御，好为将"，曹操就引导他向武将方面发展，不仅教他军事方面的知识，还多次提供给他出征的机会，在战场上让他经受锻炼。曹丕文武兼具，才华出众，可为太子，便着重培养他执掌政权的能力。曹丕即位后，采取了一些开明的治理国家之策，成为很有作为的皇帝。而曹植，兴趣在文学，无意于政治，经过几次征战的锻炼，曹操认定曹植做一名文人更合适，在父亲的教导下，曹植的文学成就在曹氏家族中首屈一指。

在培养教育儿子的过程中，曹操一视同仁，严格要求。当时曹操派遣曹彰北征时，就严肃地对他说："居家为父子，受事为君臣，动以王法尔其戒之。"意思是说：我们在家是父子关系，你接受任务出征，我们就是君臣关系了。你的行为要遵守王法啊，你一定要记住呀。曹操要曹彰明白，不能因为是帝王的儿子就可以无视王法，如果触犯，一样处罚。

在曹操的教育培养下，几个儿子奋发立志，勉励图强，最终曹彰成为镇守一方的大将军；曹丕成为一代君王；而曹植成为闻名遐迩的大文豪。

4. 淡泊明志

此语最早出自西汉刘安的《淮南子·主术训》："人主之居也，如日月之明也。天下之所同侧目而视，侧耳而听，延颈举踵而望也。是故非淡薄无以明德，非宁静无以致远，非宽大无以兼覆，非慈厚无以怀众，非平正无以制断。"这段话的大意是：当政的人治理国家，就像日月放射光芒。天下百姓都擦亮眼睛看着，洗净耳朵听着，伸着脖子瞧着，踮着脚尖盼望着。正因为此，不制欲就不能修身养德；不平和就不能长治久安；不宽忍就不能泽被人民；不仁爱就不能抚慰百姓；不公正就不能明断是非。后来，诸葛亮化用了其中"非淡泊无以明德"这句话，提出了"淡泊明志"的进德修身要领，为后代仁人君子所推崇。

诸葛亮《诫子书》有云：

> 夫君子之行，静以修身，俭以养德。非淡泊无以明志，非宁静无以致远。夫学须静也，才须学也，非学无以广才，非志无以成学。淫慢则不能励精，险躁则不能治性。年与时驰，意与日去，遂成枯落。多不接世，悲守穷庐，将复何及！

意思是说：

君子必须靠内心纯净来滋养身心，以俭朴简约来培养品德。不恬静寡欲就无法明确志向，不宁心静气就无法高瞻远瞩。学习必须静心专一，而才干来自勤奋学习。如果不学习就无法增长自己的才干，不明确志向就不能在学习上获得成就。纵欲放荡、消极怠慢就不能勉励心志、振作精神，冒险草率、急躁不安就不能修养性情。年华随时光而飞驰，意志随岁月消逝，最终像枯叶一样衰败飘落。世上大多数学子，不接触世事，只能悲哀地困守在自己的破房子里，此生遗憾，追悔莫及。

《诫子书》作于蜀汉建兴十二年（234），是诸葛亮写给他八岁的儿子诸葛瞻的一封家书。诸葛亮毕生为了蜀汉国事日夜操劳，没有时间和精力亲自教育儿子，于是写下这篇书信告诫诸葛瞻。文字虽短，意蕴深长，是千古流传的家书典范。

《诫子书》的主旨是劝勉儿子勤学立志，表达了三层意思：一是阐明宁静以致远、俭约以养德、淡泊以明志的道理，鼓励儿子勤学励志，从淡泊和宁静的自身修养上去下功夫。二是训诫儿子切忌心浮气躁，举止荒唐，要稳得下来、学得进去。三是以慈父的口吻谆谆教导儿子：少壮不努力，老大徒伤悲。要珍惜光阴，发奋图强，方能不虚此生。这不仅是诸葛亮自己对人生的总结，也是历史反复证明颠扑不破的真理。

5. 坚忍不拔

坚忍不拔说的是志士仁人骨子里的一种品格，宋代苏轼曾著《晁错论》，论说晁错这个人的事迹和被错杀的原因，其中说道："古之立大事者，不惟有超世之才，亦必有坚忍不拔之志。"意思是说：自古以来，凡是能做大事的人，不光有出类拔萃的才能，还必须有坚定顽强、不可动摇的意志。他举了大禹治水的例子：

　　昔禹之治水，凿龙门，决大河而放之海。方其功之未成也，盖亦有溃冒冲突可畏之患；惟能前知其当然，事至不惧，而徐为之图，是以得至於成功。

意思是说：

从前大禹治水，凿开龙门堤口，疏通大河，让水流进大海。当他治水尚未成功的时候，也有洪水把堤坝冲开泛滥和洪水横冲直撞的可怕灾难。只因为他事先料到会出现这种情况，大水真的来了并不惊慌，而是从容不迫地用自己想好的办法去解决，所以最后获得了成功。所以在苏轼看来，能成大事的人，超群的才能必不可少，但是坚忍不拔的意志更重要，这个意志就是要达到目标的志向。

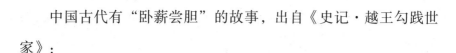

中国古代有"卧薪尝胆"的故事，出自《史记·越王勾践世家》：

春秋末年，吴国和越国并立而存，却因日久争战结下宿怨。越王勾践打败吴王阖闾，初尝胜果，得意忘形之下，他不纳范蠡忠言之劝，欲灭吴国而后快。吴王夫差为父报仇，在伍子胥的辅佐下日夜勤兵。得意之时的勾践铸成"王者之剑"，欲灭吴国，不想，夫差已攻进"剑庐"，伍子胥领兵已渡过大江。勾践大败。

为保留复仇的机会，勾践接受了范蠡的意见，降吴为奴。勾践从此为吴王养马、拉车，为了复国的大志受尽屈辱。为了等待复仇的机会，勾践苟且偷生、谨慎行事，使得吴王渐渐地放松了警惕。勾践和范蠡在暗中寻找到了转机，夫差糊涂地赦免了勾践，并允许他返回越国。回归后的勾践，痛苦地反思，经常睡在柴草之上，把苦胆放在座位旁，坐处卧处抬头就能看到苦胆，吃饭也尝苦胆，时常自语自省："你忘了会稽失败的耻辱了吗？"

他亲自去耕种，夫人也亲自织布，吃饭不放肉，不穿超过两种纹彩以上的衣服，放下身价礼贤下士，厚待宾客，救济穷人，慰问死者家属，与百姓同甘共苦。就这样卧薪尝胆，暗中积蓄力量。最后终于找到了机会，举兵伐吴。经过一场鏖战，夫差成了越王勾践的阶下囚。越王勾践经过十数年的励精图治终于实现了复兴的志向。从此以后，勾践专心治理国家，富国安邦。

这个故事告诉后人，人一旦立下雄心大志，就必须有卧薪尝胆的精神，坚忍不拔，方能做成大事。

曾国藩在给弟弟们的信中，就鼓励他们"发奋立志"："惟愿诸弟发奋立志，念念有恒，以补我不孝之罪，幸甚幸甚。"翻译过来就是：只望弟弟们发奋立志，一心一意、坚忍不拔，以弥补我的不孝之罪，那我就很有幸了！

在另一封《致诸弟》的信中，曾国藩又语重心长地教诲诸位弟弟："日月逝矣，再过数年则满三十，不能不趁三十以前立志猛进也。"意思是说：日月时光飞逝，再过几年，就满三十岁了，不能不趁三十岁前立志猛进。这里的"立志猛进"，就是要弟弟们立下志向，勇敢地、坚忍不拔地去实现自己的志向。

6. 立志专一

常言道：有志者立长志，无志者常立志。讲的就是立志要专一的道理。古往今来的励志家教中，立志专一是个常说常新的话题。因为只有专一的志向，才能让人一心一意地去完成它。

司马迁能够忍辱负重、百折不挠地完成《史记》，是因为自己早已立志：

"亦欲以究天人之际，通古今之变，成一家之言。草创未就，会遭此祸，惜其不成，是以就极刑而无愠色。仆诚已著此书，藏之名山，传之其人，通邑大都，则仆偿前辱之责，虽万被戮，岂有悔哉？"

意思是说：

自己已经立下志愿，就是想探求自然与人世间的规律，贯通古往今来变化的脉络，完成一家之言。刚开始创作还来不及完成，就遭遇这场灾祸，我痛惜这部书不能完成，因此即使受到了最残酷的刑罚，也强压愤怒不曾发泄。我现在已经写完了这部书，打算把它藏进名山，传给理解它的人，再让它流传于都市，那么，也抵偿了以前我所受的侮辱，即便是让我千次万次地被侮辱，又有什么后悔的呢？

在司马迁看来：

> 古者富贵而名摩灭，不可胜记，唯倜傥非常之人称焉。盖西伯（文王）拘而演《周易》；仲尼厄而作《春秋》；屈原放逐，乃赋《离骚》；左丘失明，厥有《国语》；孙子膑脚，《兵法》修列；不韦迁蜀，世传《吕览》；韩非囚秦，《说难》《孤愤》；《诗》三百篇，大抵圣贤发愤之所为作也。此人皆意有所郁结，不得通其道，故述往事、思来者。

意思是说：

古时候已然富贵，但名字磨灭不传的人，数不胜数，只有那些卓然超群的人才名见经传。西伯姬昌被拘禁，而写《周易》；孔子受困窘，而作《春秋》；屈原被放逐，才写了《离骚》；左丘明失去视力，才有《国语》；孙膑被挖去膝盖骨，《孙子兵法》才问世；吕不韦被贬谪蜀地，后世才流传《吕氏春秋》；韩非被囚禁在秦国，写出《说难》《孤愤》；《诗》三百篇，大都是一些圣贤们抒发愤懑而写作的。这都是人们的感情受压抑有郁结，不能实现其理想，所以撰述过去的事迹，让将来的人们了解他的志向。

明末清初的思想家、教育家王夫之认为："夫志者，执持而不迁之心也，生于此，死于此，身没而子孙之精气相承以不间。"意思是说：志向，是一个人终身相守的一种精神追求，它不仅支配着你一生的思想行为，而且应当留给子孙后人，让你的思想发扬光大、代代相传。

王夫之说："志定而学乃益，未闻无志而以学为志者也。以学而游移其志，异端邪说，流俗之传闻，淫曼之小慧，大以蚀其心思，而小以荒其岁月。"意思是说：学与立志有直接的关系，学必立志，只有立下志向的人，学习才有了方向和动力，才能有所收益。如果没有志向，那就会被异端邪说、世俗的传闻所迷惑，沾染上淫慢之类的坏毛病。其危害大到腐蚀了人的思想意志，小到荒废了光阴。所以，王夫之认为："人之所为，万变不齐，而志则必一。从无一人而两志者，志于彼而又志于此，则不可名为志，而直谓之无志。""志正则无不可用，志不持则无一可用。"也就是说，立志，必须专一，一个人不可能有两个志向，这也是你的志向，那也是你的志向，就等于没有志向。专注于自己的志向，就一定能有所作为，否则，将一事无成。

他在写给儿子、侄子、侄孙的《示子侄》诗中，直接阐明了他的观点：

立志之始，在脱习气。习气薰人，不醪而醉。

其始无端，其终无谓。袖中挥拳，针尖竞利。

狂在须臾，九牛莫制。岂有丈夫，忍以身试？

彼可怜悯，我实惭愧！前有千古，后有百世。

广延九州，旁及四夷。何所羁络，何所拘执？

焉有骐驹，随行逐队。无尽之财，岂吾之积？

目前之人，皆吾之治。特不屑耳，岂为吾累！

潇洒安康，天君无系。亭亭鼎鼎，风光月霁。

以之读书，得古人意。以之立身，踞豪杰地；

以之事亲，所养惟志。以之交友，所合惟义。

惟其超越，是以和易。光芒烛火，芳菲匝地。

深潭映碧，春山凝翠。寿考维祺，念之不昧！

诗的大意是：

立志之初，首先要摒弃不良习气，不良习气影响人，不用酒，都足以醉人。它来无端、去无影。为了针尖一般的蝇头小利，也会让人挥舞拳头。片刻的狂妄冲动，九牛之力也难以制止。岂有一个堂堂大丈夫，愿以身尝试？这样做的人实在可怜，自己也会深感惭愧。在我之前有千古之久，在我之后有百代之远，地域广阔至整个天下，旁及四方之边鄙，有什么能约束我，有什么需要拘守的呢？而一个有志的人，又怎能与世俗随波逐流呢？无穷的财富，哪是我所要蓄积的呢？而眼前这些人，都是我要影响教化的对象，只要我心中并不在意他们的毛病，他们又怎会成为我的累赘呢？

为人潇洒宽厚，心中便坦然无愧。人胸怀宽广，如日月清朗纯净，用这样的气度去读书，就能深得古人的意境；用这样的胸怀来立身处世，便如同立于豪杰之地；这样去侍奉双亲，便能涵养出高尚的品格；这样去交友，处事就能合乎义理。只有超脱于尘俗的气度，才能温和平易。这样人品就会如灯烛辉煌，光芒四射，如芳菲满地，香气袭人；如深潭之水，映照碧波；又如春天的青山，苍翠浓绿。还能享高寿、致吉祥，希望你们终身谨念，不要忘记。

王夫之认为，人开始立志，就要摆脱庸俗低级的习气，而一旦立下志向，就要矢志不渝，百折不回，终将会成为有所作为的人，就如同"光芒烛火，芳草匝地。深潭映碧，青山凝翠"。

第六章

廉正篇

欲影正者端其表，欲下廉者先己身。——桓宽

1. 公正廉洁

公正廉洁，语出清代昭梿《啸亭杂录·金元史》，指廉洁奉公，不徇私情。廉洁一词，最早出现在战国时代大诗人屈原的《楚辞·招魂》中："朕幼清以廉洁兮，身服义尔未沫。"意思是："我年幼时秉专赋清廉的德行，献身于道义而不稍微减轻。"另一处是《楚辞·卜居》："宁廉洁正直，以自清乎属？"意思是："我廉洁正直，使自己保持清白。"

东汉王逸在《楚辞·章句》中说："不回受曰廉，不污曰洁。"意思是说：不接受他人回馈的钱财，不让自己清白的人品受到玷污，就是廉洁。这是历代仁人君子追求的人格和美德，也是中华家教、家训、家风传承中的重要内容。

在中国历史上，公正廉洁的代表人物当首推海瑞。海瑞很小的时候，父亲便去世了。家里孤儿寡母相依为命，靠祖上留下的几十亩田，勉强维持生活。海瑞自幼攻读诗书，他立志日后要做一个不谋取私利、不谄媚权贵、刚直不阿的好官，因此自号"刚峰"，取其"做人要刚强正直，不畏邪恶"的意思。

海瑞在福建延平府南平县当教师时，教育学生道德和文章不可分割，主张读书人应该尊重自己的身份，不该对上官随便下跪。他执教期间，有朝廷的御史到县学视察，其他教师都跪在地上通报姓名，唯独海瑞长揖行礼，说："到御史所在的衙门当行部属礼仪，这个学堂，是老师教育学生的地方，不应屈身行礼。"

1562年，海瑞被任命为淳安知县，看到这里"富豪享三四百亩之产，而户无分厘之税，贫者户无一粒之收，虚出百十亩税差"的"不均之事"，决定重新清丈土地，规定赋税负担。这样一来，淳安农民的负担有所减轻，不少逃亡外地的民户又回到故乡。淳安县的案件很多，海瑞明断疑难案件，深得民心。海瑞生活节俭，他穿布衣布袍、吃粗粮糙米，让老仆人种菜自给。

浙江总督胡宗宪曾跟人说："昨天听说海县令为老母祝寿，才买了二斤肉啊。"有一回，胡宗宪的儿子路过淳安县，向驿吏动怒，把驿吏倒吊起来。海瑞说："过去胡总督考察巡视各部门，命令所路过的地方不要供应太铺张。现在这个人盛装招摇，不可能是胡公的儿子。"打开胡公子的袋子，有很多金子，海瑞就把金子没收到县库中，派人报告胡宗宪，胡宗宪左右为难，就没有把海瑞治罪。

都御史鄢懋卿是国家检察官，他仗着和严嵩的关系，在出巡浙淮时，到处贪污勒索，利用职权收受贿赂。巡查路过淳安县，酒饭供应十分简陋，海瑞大声解释说：县衙狭小无法容纳众多车马。鄢懋卿虽然心里很生气，但他早就听说过海瑞的名字，只得收敛威风，悻悻离去。

明世宗朱厚熜晚年，不理朝政，深居西苑，专心设坛求福。总督、巡抚等边关大吏争先恐后向皇帝贡献有祥瑞征兆的玩意儿，礼官接二连三上表致贺。大小官吏，没有人敢议论时政。

海瑞就在棺材铺里买好棺材，并将自己的家人托付给了一个朋友。然后向明世宗呈上《治安疏》，批评世宗迷信巫术，生活奢华，不理朝政。

明世宗读了海瑞的《治安疏》，十分震怒，把《治安疏》扔在地上，对左右侍从说："快把他逮起来，不要让他跑掉。"宦官黄锦在旁边说："这个人向来有傻名。听说他上疏之前，自己知道冒犯该死，买了一个棺材，和妻子诀别，奴仆们也四处逃散没了踪影，他自己是不会逃跑的。"明世宗听了默默无言。过了一会又读海瑞的上疏，一天里反复读了多次，连声叹息，把《治安疏》留在宫中数月。明世宗还曾说："这个人可和比干相比，但朕不是商纣王。"

那年秋天，明世宗生病，心情郁闷不高兴，召来阁臣徐阶议事。世宗说："海瑞所说的都对，朕已经病了许久，怎能临朝听政？"又说："朕确实不自谨，导致身体多病。如果朕能够在偏殿议政，岂能遭受这个人的责备辱骂呢？"越说越气，就叫人逮捕海瑞关进大狱，想要追究主使的人。

然而不久，明世宗驾崩，消息还没外传。提牢主事听说后，认为海瑞不仅会被释放而且会被任用，就办了酒菜来款待海瑞。海瑞以为自己要被押赴西市斩首，就不管别的，放开了吃喝。主事俯在他耳边悄悄地说："皇帝已经死了，先生现在即将出狱受重用了。"海瑞说："真的吗？"随即大哭，把刚才吃的东西全部吐了出来，晕倒在地，哭了一夜。

后来裕王朱载坖继位，奉先帝世宗遗诏，赦免了以海瑞为代表的所有谏言诸臣。海瑞被释放出狱，官复原职，后被提拔为尚宝丞，专门管理皇帝御玺、印鉴。

1570年，海瑞外放应天巡抚，辖区多为江南富庶的鱼米之乡。

下面的官吏害怕海瑞的威严，不少贪官污吏自动辞职。地位显赫的权贵们原来把门漆成红色的，听说海瑞来了，就改漆成黑色的。宦官在江南监督织造，见海瑞来了，就减少车马随从。

海瑞兴利除害，请求整修吴淞江、白茆河，通流入海，百姓得到了兴修水利的好处。海瑞早就憎恨大户兼并土地，全力打击豪强势力，推行"一条鞭法"，安抚穷困百姓。贫苦百姓的土地有被富豪兼并的，大多夺回来交还原主。因此，海瑞深受百姓的爱戴，被称为"海青天"。

因为被奸人陷害，海瑞巡抚吴地才半年，就被调任。平民百姓听说海瑞解职而去，呼号哭泣于道路，家家绘制海瑞像敬奉他。后来，明神宗任命海瑞为南京右都御史。海瑞上任后力主严惩贪官污吏，禁止徇私受贿。诸司向来苟且怠慢，海瑞身体力行矫正弊端。有的御史偶尔戏乐，海瑞都按明太祖法规给予杖刑。大小官吏都恐惧不安，都怕受到惩罚。

1587年，海瑞病死于南京任上。负责检察的金都御史王用汲去主持海瑞的丧事，看见海瑞住处用粗布制成的帏帐和破烂的竹器，有些是贫寒的文人也不愿使用的，因而禁不住哭起来，凑钱为海瑞办理丧事。海瑞的死讯传出，南京的百姓因此罢市。海瑞的灵柩用船运回家乡时，穿着白衣戴着白帽的人站满了两岸，祭奠哭拜的人百里不绝。

《钱氏家训》里说："持躬不可不谨严，临财不可不廉介。"

意思是说：君子律己不能不谨慎严格，面对财物不能不清廉正直。

《朱子格言》里说："见富贵而生谄容者最可耻，遇贫穷而作骄态者贱莫甚。"

这是在告诉人们：看到富贵的人，满脸巴结讨好，最是可耻；遇着贫穷的人，一副骄横傲慢之相，很是鄙贱。

仔细想来，海瑞的一生就是在践行公正廉洁这个词语，而他一生最厌恶的，正是《朱子格言》里面所说的那种人。

2.　两袖清风

> 手帕蘑菇与线香，本资民用反为殃。
>
> 清风两袖朝天去，免得闾阎话短长。

这首《入京》诗是明朝民族英雄于谦的诗作，意思是：绢帕、蘑菇、线香这些土特产，本来是老百姓自己的用品，却被官员们搜刮去了，反而给人民带来了灾难。我两手空空进京去见皇上，免得被百姓闲话短长。为什么于谦入京要"两袖清风"呢？因为古时候的官服可用肥袖载物，两袖一抖，常常抖出赃银贿财。因而清廉的官员，只能是两袖清风、空空如也。于谦正是这样的人。作为明朝重臣，他终生为官清廉，刚正不阿。

早年，于谦受命江西巡抚，他到任后，平反冤狱，打击富豪，为民请命，安抚流离，很快便得到明宣宗的赏识，亲自手书于谦的名字授予吏部，任命于谦为兵部右侍郎，巡抚山西、河南，当时他年仅三十三岁。

于谦居官三十五年，一直兢兢业业，不贪私利，将一世清白留在了人间，深为后人称颂。当时，官场腐败，贿赂成风。尤其是明英宗即位后，太监王振把持朝政，勾结贪官污吏，作威作福。凡是大臣进京，必须馈送重金厚礼，否则后果难堪。

然而于谦一身正气，决不随波逐流。他每次进京，只带随身行装。好心人怕他遭到陷害，劝说："你不带金银入京，也应带点土特产送一送啊！"他举起袖子笑笑说："我带有两袖清风！"于谦身居兵部尚书后，"口不言功"，"日夜分国忧，不问家产"，"所居仅蔽风雨"，常被"错认野人家"。他曾作诗形容他的床"小小绳床足不伸，多年蚊帐半生尘"。他遭诬陷被杀，抄家时，竟"家无余资"。抄家者见正屋紧闭，还上了锁，认为必是收纳钱财窝藏其内，打开一看，原来都是皇帝赏赐的物品。

于谦死后，陈汝言代任兵部尚书，不到一年，贪赃累计巨万，英宗召集大臣去看，变了脸色说："于谦在景泰受重用，死时没有剩余财产，陈汝言为什么那么多？"陈汝言的举荐人石亨低头不语，无法回答。

于谦曾经在16岁那年，写下了脍炙人口的《石灰吟》：

千锤万凿出深山，烈火焚烧若等闲。

粉骨碎身浑不怕，要留清白在人间。

这首气贯古今的小诗，表明了他一生为官处世的原则：不与贪腐同流合污，坚守自己的理想和信念：清廉刚正、两袖清风、一生清白，为国为民鞠躬尽瘁，死而后已。

在历史上，像于谦这样的大清官还有很多，在一般的官吏中，能够践行清廉刚正、两袖清风的人更是不胜枚举。很多成功的家教事迹，都与此有关。

刘义庆在《世说新语》中，记载了一个"陶母责子封坛退鱼"

的"小事"：

> 陶侃，东晋之大将军也。于国为栋梁，于民若
> 父母，世人重之。其少时为鱼梁吏，尝以一坩鲊饷
> 母。母曰："此何来？"使者曰："官府所有。"
> 母封鲊付吏，反书责侃曰："汝为吏，以官物见
> 饷，非惟不益，乃增吾忧也。"

故事说的是：

陶侃是东晋的大将军，就像国家的栋梁、百姓的父母。他年轻做管理鱼政小官的时候，曾派人送一陶罐腌鱼给母亲。陶母就问："哪儿来的鱼？"送鱼的差人说："是官府里的！"陶母就把原罐封好，交给送来的差人退还，同时附了一封信责备陶侃，说："你做小官，拿公家的东西来孝敬我，不但对我毫无裨处，反倒使我担忧。"

世上的父母都希望子女孝敬他们，但要公私分明。陶母拒收腌鱼不贪图便宜，还回信批评儿子，这就是要让儿子保持廉洁。正是母亲的要求严格、教育有方，陶侃后来成为国家栋梁。

无独有偶，在张鷟的《朝野佥载》里，有一则家教故事，与陶母退鱼的事迹有异曲同工之妙。

《朝野佥载》卷三载：

> 畬请禄米送至宅，母遣量之，剩三石。问其
> 故，令史曰："御史例不概剩。"又问车脚几钱，
> 又曰："御史例不还脚钱。"母怒，令还所剩米及
> 脚钱。以责畬，畬乃追仓官科罪。诸御史皆有惭
> 色。

故事是说：

李畲是当时的监察专员。有一次，李畲差手下把禄米（就是当时的工资），送到家里。李畲的母亲叫人用斗一量，竟多出了十五斗，便问原因。差吏答道："按惯例给御史量米，不刮掉冒尖的那一部分，自然就多了点。"李畲母亲又问："运费是多少？"差吏回答说："给御史家送东西是不付运费的。"老夫人听了之后很生气，硬要差吏将多出的米和运费带回，同时拿这件事情批评了当监察御史的儿子。后来，李畲将发放俸米的仓官治罪，并要求一切按规定办。其他御史知道后，都感到非常惭愧。李畲能以为官清廉留名青史，与正直清廉的母亲和严格的家教有着很大关系。

3. 刚正不阿

刚正不阿一词出自明代施显卿《奇闻类记》，意思是：刚强、正直、不逢迎。其卷二："成化间守嘉兴，刚正不阿，爱民如子，自莅政，不收夏税，岁以郡之余米补其数。"大意是说：成化初年，杨继宗被提拔为嘉兴知府。他生性刚正廉洁，孤直严肃，不阿谀逢迎。像爱自己孩子一样爱护老百姓，夏天免除赋税，年底用郡里的余粮返补给困难的百姓。

在明朝的清官中，杨继宗堪称佼佼者。他居官于天顺、成化、弘治三朝，那时的官场贪贿渐成风气，杨继宗却不为之所染，以至于当时掌权的太监汪直都承认："天下不爱钱者，惟杨继宗一人耳。"杨继宗鄙视那些贪官污吏，把他们视作脏物，他到达任所，先让人用很多水，将厅堂冲洗后再办公，并且说这样做是为了清除污秽。杨继宗虽仅官至按察使，但却名驻青史，成为后世敬仰的一代名臣。

在历代官吏中，以刚正不阿、廉洁公正著称的，还有包拯。他执法严峻，不畏权贵。为肃正纲纪，惩处贪官污吏，包拯不顾自身安危，不断弹劾贪官污吏，最有代表性的有：贩卖私盐以牟取暴利的淮南转运按察使张可久；役使兵士为自己织造一千六百余匹驼毛缎子的汾州知州任弁；监守自盗的仁宗亲信太监阎士良；利用职权贱买富民邸舍的张方平；"在蜀燕饮过度"的宋祁。此外，包拯还弹劾过宰相宋庠、舒王赵元祐的女婿郭承祐和仁宗张贵妃的伯父张尧佐等人。其中影响最大的是弹劾王逵，王逵曾数任转运使，巧立名目盘剥百姓。激起百姓抗争，又派兵弹压，滥用酷刑，很多人惨遭其杀害，因而民愤极大。但王逵与宰相陈执中、贾昌朝关系亲密，又得到宋仁宗青睐，所以有恃无恐。为此，包拯连续七次上章弹劾，最后一次更直接指责仁宗说："今乃不恤人言，固用酷吏，于一王逵则幸矣，如一路不幸何！"其言激切刚直，朝野震动，舆论汹汹，朝廷终于罢免了王逵。

由于包拯敢于弹劾权贵，当时社会上出现了"包弹"的谚语，社会上的人凡是知道哪个官吏"有玷缺者，必曰：'有包弹矣。''包弹'之语遂布天下"。

包拯尤为人称道的是其断案公正、执法严明。在天长县任知县时，包拯遇到一件棘手的案子。有一天一个农民状告歹徒割了自己家耕牛的舌头，请求捉拿罪犯。割去牛舌并无财利可图，所以包拯推断此事肯定是报复行为，于是告诉农民宰牛卖肉。宋代宰杀耕牛是犯法的，不出包拯所料，割牛舌的歹徒见牛主人杀了牛，就想要告他的罪，果然前往县衙首告，遂自投罗网，疑案立破。

庐州是包拯的家乡，任知州时，他的亲朋故旧多以为可得其庇护，干了不少仗势欺人，甚至扰乱官府的不法之事。包拯决心大义灭亲，以示警诫。刚好有个舅舅犯了事，包拯不徇私情，在公堂上依法把舅舅责挞一顿，自此以后，亲朋故旧都收敛起来，再不敢胡作非为。

包拯主持开封府时，按开封府旧制，凡是来告状的人，必须先将状纸交给守门的府吏，再由府吏转呈。由于诉讼者不能直接面见长官，府吏往往借此敲诈勒索，营私舞弊，有的受到冤屈的人，常因送不起钱财而告状无门。包拯革除此弊，大开正门，让告状的人可直接到公堂面见长官提交诉状，自陈冤屈，于是审案也更加公正合理。

京城有许多皇亲国戚、达官显贵，向来以难以治理著称，而包拯"立朝刚毅"，凡以私人关系请托者，一概拒绝，因而将京城治理得"令行禁止"。也正因他执法严峻，不徇私情，"威名震动都下"，在他以天章阁待制职任知谏院时，"贵戚宦官为之敛手，闻者皆惮之"。

包拯以严于律己、清正廉洁著称。端州以产端砚而闻名，不仅文人士大夫喜欢，达官贵人也寻觅收藏。包拯任端州知府时，不仅革除了历任在"贡砚"数额之外，大量加征，以饱私囊和贿赂权贵的流弊，而且任满离去时"不持一砚归"。1973年，在清理包拯墓及其子孙墓时，仅发现一方普通砚台而无端砚，也足以证实历史记载的确凿。

包拯曾力申"廉者，民之表也；贪者，民之贼也"，他不仅如此说，而且还躬身力行并教之于后代，订立了家训，并要求"仰珙刊石，竖于堂屋东壁，以诏后世"。就是将家训镌刻于石碑，竖立于堂屋东壁，以昭示后人。

《包拯家训》云：

> 后世子孙仕宦，有犯赃滥者，不得放归本家；
>
> 亡殁之后，不得葬于大茔之中。不从吾志，非吾子
>
> 孙。

这段翻译过来就是：

后代子孙做官的人中，如有犯了贪污财物罪而被撤职的人，都不允许放回老家，死了以后，也不允许葬在祖坟里。不顺从我的志愿的，就不是我的子孙后代。

包拯的家训就如他的为人——正直刚毅，其核心思想就是：做人不能贪图功名利禄，为人要廉洁正直。其实，就是这么简单的两句话，让古往今来多少人扼腕叹息，不是不知道，就是做不到。这要克服人性中多少倒海翻江的欲望，也未必能践行这么简单的道理。世上最简单的话，往往是最难做到的。包拯做到了，所以千百年来，老百姓把他奉为神。包拯对他子孙的要求，也是对每个中华后辈的期望。

4. 不徇私情

不徇私情就是公平公正地为人处世，而不屈从个人私情。因

为从某种意义来说，所有人都有自私的一面，但是在涉及别人的时候，就看你能不能克制私情，公平公正地对待别人。

据史书记载：唐朝开元年间，吏部尚书魏知古要去洛阳一带考察官员政绩。宰相姚崇的两个儿子就在被考察的那个地方当官，离京前，魏知古特地到姚府辞行，不料姚崇对他很冷淡。魏知古是姚崇一手提拔起来的，他到洛阳之后，便私下接见了姚崇的两个儿子。姚崇的儿子请求魏知古在皇上面前为自己美言，希望得以"关照"，从而得到晋升。不料，魏知古却原原本本将此事报告给了玄宗皇帝。玄宗皇帝为考验姚崇，便找了个机会，装作聊天的样子问他的儿子德才如何、任何官职？姚崇遂坦诚地介绍了两个儿子的情况，说他们"为人多欲而不谨"，一定会找魏知古"走后门"。玄宗见他如此诚恳，很高兴。同时，又"薄知古负崇，欲斥之"。意思就是：对魏知古对不起姚崇的做法，很不满意，并打算把他赶出吏部。对此，姚崇坚决不同意，再三请求道："臣子无状，挠陛下法，陛下赦其罪，已幸矣；苟因臣逐知古，天下必以陛下私于臣，累圣政矣。"意思是说：臣的儿子没有规矩，扰乱陛下的规矩，陛下能原谅他们，已是臣之大幸。但为了臣而驱逐魏知古，天下人就会认为陛下对臣有私心，就妨碍帝王的教化了。玄宗见他情真意切，思忖再三，才打消了赶走魏知古的想法。

两年后，姚崇的那两个儿子由于劣性未改，又"广通宾客，颇受馈遗，以至于为时所讥"。他们到处拉关系，走后门，接受别人的馈赠，结果遭到社会上的议论和嘲讽。此外，姚崇所信任的中书省主簿赵海，也"受胡人赂"。姚崇认为，在这种情况下自己要是继续担任宰相，将于国于民都不利。于是，恳请玄宗让他辞职，并举荐了广州都督宋璟来接替他。

此后，姚崇分外加紧了对子女的教育，他还仿照前贤的做法，将其田园家产分给诸子，让他们人各一份，独自经营管理，自食其力。经过他多方训导，儿子们才改邪归正，并成了国家的良材。

这个故事讲的就是不徇私情，姚崇能够在儿子面临人生抉择的关键时刻，克制亲情、坚持公正，受到后人赞誉。

在《隋书·列女传》中，记载了"郑母教子"的故事：

隋末唐初，有一个叫郑善果的大臣，他的父亲郑诚在征讨尉迟迥时，奋勇作战而死在战场上。因为父亲是保卫朝廷而战死的，所以才几岁就继承了父亲的爵位，成为开封县公，享有一千户的封邑。十四岁时，被授予沂州刺史的官职，后又改任景州刺史，不久又担任鲁郡太守。

善果母亲生性贤明，有气节操守，她读过各种典籍，因此懂得治理的方略。每当郑善果处理政务时，母亲总是坐在胡床上，在帏帐后面听。听到儿子分析判断准确，处理问题得当，回来后她就很高兴，就让儿子坐下，母子两人相对谈话说笑。如果儿子处理公务时，不够公允或随意发怒施展威风，母亲回到后堂就会蒙着被子哭泣，一整天也不吃饭。郑善果就伏在床前请罪，不敢起身。他母亲这才起来对他说："我不是生你的气，是为你家感到惭愧。我做你家的媳妇，主持家务，知道你去世的父亲，是忠诚勤劳的人，他为官清廉恭谨，从不过问私事，最后以身殉国。我希望你也有你父亲那样的品格！你从小就继承爵位，现在又担任地方长官，这难道是靠你自身的本事得来的吗？你怎么不想想这些却随便生气要威风，任意骄傲恣纵而使国家大事得不到妥善处理！那样一来，对内败坏了家族的好风气，甚至还可能丢掉官职爵位，对外又损害了天子的法令而自己犯错误、受惩罚。那样的话，我死的时候又哪有脸面在地下与你父亲见面呢？"

善果的母亲总是自己纺线织布，直到半夜才休息。郑善果就说："我已被封侯享有封地，位居三品官，俸禄足够用，母亲何必要这样辛勤地劳作呢？"母亲回答说："唉！你已经长大了，我总以为你懂得人世间的道理了，今天听了你这话，才知道你还不懂啊。你现在的这些俸禄，原本是天子报答你父亲为国事殉命才给你的啊。而且纺纱织布，这是妇女的本分，上自皇后，下到士大夫的妻子，都各自有自己应该做的事。如果懒惰，就会骄傲放纵。我虽然不懂得礼仪，难道可以败坏自己的名声吗？"

郑母生性节俭，如果不是祭祀祖先神灵或宴请宾客，酒肉不能随便端上桌。她经常在清静的屋子里端坐着，从不随便走出大门。娘家或婆家亲戚有红白喜事，也只是赠送丰厚的礼品，都不到人家家里去。所有的东西，如果不是自己亲手制作的或是自己家园子里出产的，或是受俸禄奖赏得来的，即使是亲族馈赠的物品，一概不许进入自己的家门。郑善果历任多处州郡长官，都只是从家里带饭菜到衙门里吃。公家提供的补助，他个人一概不接受，全都用来修理衙门房舍和分送给下属。郑善果因为严格要求自己，被人们称为清廉公正、不徇私情的官员。隋炀帝派遣御史大夫张衡前去慰劳他，考评他的政绩，定为上等。

这个故事里母亲对儿子严格要求，让其懂得不徇私情。这样的美德，至今仍值得我们深思和学习。

5. 公而忘私

公而忘私的意思是：为了公事而不考虑私事，为了集体利益而不考虑个人得失。这句话出自贾谊《治安策》："故化成俗定，则为人臣者，主耳忘身，国耳忘家，公耳忘私，利不苟就，害不苟去，唯义所在。"意思是说：这种风气约定俗成的话，那么做人臣子的就会为君主忘记自己的生命；为国家忘记自己的小家；为公事忘记自己的私事；见到利益就不会占据；见到祸害就不会回避，只把大义放在心上。可见，公而忘私是一种非常高尚的德行和义举。

据史书记载：

　　郭子仪初与李光弼俱为安思顺牙将，不相能，虽同席不交谈。后子仪代思顺为将，光弼恐见诛，乃跪请曰："死所甘心，但乞贷妻子。"子仪趋堂下，握其手曰："今国乱主辱，非公不能定，仆岂敢怀私忿哉！"因涕泣勉以忠义，即荐之为节度使，遂同破贼，无纤毫猜忌。

大意是：

最早郭子仪与李光弼同为安思顺麾下的将领，两个人的关系不融洽，即使坐在一起也不交谈。后来郭子仪代替安思顺当上大将军后，李光弼害怕被诛杀，于是给郭子仪下跪请罪说："我甘愿一死，只希望你放过我的妻子和儿女。"子仪走下堂来，握住他的手说："如今国家动乱，君主受人侮辱，没有您无法平定叛乱，我郭子仪又怎能心怀私怨呢！"于是一边流着眼泪一边对李光弼用忠义之道加以勉励，并立即推荐他为节度使，两人一起击败了乱贼，从此没有丝毫猜忌了。

郭子仪有"千古第一武状元"之名，一生经历了唐玄宗、唐肃宗、唐代宗、唐德宗四帝，两度担任宰相。曾经平定"安史之乱"，两度收复长安，功勋卓著，声名远扬，是历代武状元中军功最为显赫者。史书上称他为"再造王室，勋高一代""以身为天下安危者二十年"，是历史上唯一一位由武状元而官至宰相的人。可谓文武兼备，忠智两全。在历代功臣中，能做到"功盖天下而主不疑，位极人臣而众不嫉，穷奢极欲而人不非之"，这是极不容易的。据记载其家"八子七婿，皆贵显朝廷。诸孙数十，不能尽识，至问安，但颔之而已"。

郭子仪公而忘私的轶事典故，最著名的是"恳辞上书令"。

唐代宗任命郭子仪为尚书令，郭子仪恳辞不受。唐代宗又命五百骑兵持戟护卫，催促他到官署就职，郭子仪坚持不肯接受。他回复代宗道："太宗皇帝曾任此职，因此历代皇帝都不再任命。皇太子任雍王，平定关东，才授此官。怎能因偏爱我而违背常规？而且平叛以后，冒领赏赐的人很多，甚至一人兼任多职，贪图官位而不顾廉耻。现在，叛贼已经平定，正是端正法纪，审查官员的最好时机，应从我做起。"代宗听罢，觉得郭子仪说得有理，就应允了，并将郭子仪辞职不授的事迹交给史官，写入国史，以教正后人。为了朝廷的稳定，放弃自己的高官厚禄，这样的人自古至今能有几个？

郭子仪身为四朝元老，却公而忘私、言传身教。经常教导子孙要"谦和待物，恭谨自持，居家临民，无骄怠之色，无奢侈之失"。他八个儿子、七个女婿都是朝廷位高权重的人物，其孙郭钊

的母亲为长平公主，但是郭钊从不依仗椒房之势而自傲。常言道："恭逊虔恪，不以富贵骄人，士无贤不肖；接之以礼，由是中外称之。"郭子仪一家正因如此，能世居高位、繁衍安康，不能不说教子有方。

第七章

勉学篇

学而时习之，不亦说乎！——孔子

1. 勤奋苦学

勤奋苦学是古今所有家教中毫无例外的重中之重，道理几乎不用说。历代以来，勤奋苦学的故事不胜枚举，比如《划粥割齑》的故事：

> 范仲淹少贫，读书长白山僧舍，作粥一器，经宿遂凝，以刀画为四块，早晚取两块，断齑十数茎啖之，如此者三年。

故事说的是：

宋朝的范仲淹，年少时与朋友一起在长白山的一座寺庙中学习，每天只煮二升粟米做成粥，装在一个钵里，过了一夜就凝结成块，用刀分割成四块。早晚各取两块，又将咸菜切碎装在碗内，与粥放在一起吃，这样过了三年。

这样勤奋苦学，才能成就大事。所以《增广贤文》收录了我国唐代大文豪韩愈的治学名联："书山有路勤为径，学海无涯苦作舟"，激励后人要勤奋苦学。宋代学者刘载知识渊博，他的书斋配挂一副自书对联："夜眠人静后，早起鸟鸣先。"勉励自己要勤奋刻苦。这些都是勉学的名言。

古往今来，所有成大事者，青少年时代，莫不有勤奋刻苦学习的经历。在《颜氏家训》中，颜之推苦口婆心地训导子孙后代，从小就要勤奋苦学，他举了正反两方面的事例，来说明勤奋学习的重要性：

> 自古明王圣帝犹须勤学，况凡庶乎！此事遍于
> 经史，吾亦不能郑重，聊举近世切要，以启寤汝
> 耳。士大夫之弟，数岁已上，莫不被教，多者或至
> 《礼》《传》，少者不失《诗》《论》。及至冠
> 婚，体性稍定，因此天机，倍须训诱。有志向者，
> 遂能磨砺，以就素业，无履立者，自兹堕慢，便为
> 凡人。

这段话是说：

从古以来的贤王圣帝还需要勤奋学习，何况是普通平民百姓
呢！这类事情于经籍史书中比比皆是，不用我多说。只举近代有名
的例子来看看，从而启发提醒你们。士大夫的子弟，几岁以上，没
有不受教育的，多的读到《礼记》《左传》，少的也起码读了《诗
经》和《论语》。到长大成人，性情逐渐定型，趁着年轻好学、头
脑机灵，应该加倍教导训诫。那些有志向的，就能因此经受磨炼，
成就士族的事业；没有建功立业志向的，从此怠惰，沦为庸人。

颜之推还用假设刁难的方式，阐述了能不能勤奋苦学而产生的
不同结果：

> 有客难主人曰："吾见强弩长戟，诛罪安民，
> 以取公侯者有矣；文义习吏，匡时富国，以取卿相
> 者有矣；学备古今，才兼文武，身无禄位，妻子饥
> 寒者，不可胜数，安足贵学乎？"主人对曰："夫
> 命之穷达，犹金玉木石也；修以学艺，犹磨莹雕刻
> 也。金玉之磨莹，自美其矿璞；木石之段块，自丑

其雕刻。安可言木石之雕刻，乃胜金玉之矿璞哉？不得以有学之贫贱，比于无学之富贵也。且负甲为兵，咋笔为吏，身死名灭者如牛毛，角立杰出者如芝草；握素披黄，吟道咏德，苦辛无益者如日蚀，逸乐名利者如秋荼，岂得同年而语矣。且又闻之：生而知之者上，学而知之者次。所以学者，欲其多知明达耳。必有天才，拔群出类，为将则暗与孙武、吴起同术，执政则悬得管仲、子产之教，虽未读书，吾亦谓之学矣。今子即不能然，不师古之踪迹，犹蒙被而卧耳。"

这段话的意思是说：

有位客人刁难地问我："我看见有的人凭借强弓长戟，就去讨伐叛军逆匪，安抚民众，最后获得了公侯的爵位、享受到权贵的厚禄；有的人只凭借精通文史，便去治国理政，让国家富强起来，以取得卿相的高官。而有一些学贯古今、文武双全的人，却没有官禄爵位，妻子儿女饥寒交迫，类似的事数不胜数。学习又怎么能够让人孜孜以求、成为人们崇尚的人生目标呢？"我回答说："人的命运或者坎坷或者通达，就好像金玉木石一样；钻研学问，掌握本领，就好像琢磨与雕刻的手艺。琢磨过的金玉之所以光亮好看，令人爱不释手，是因为金玉本身就是珍贵美好的东西；一截木头、一块石头之所以难入人眼，是因为尚未经过雕刻加工。但我们怎么能说雕刻过的木头石块胜过尚未琢磨过的金玉呢？同样的道理，我们不能将有才学的贫贱之士与没有学问的富贵之人相比。况且，武艺高强的人，也有去当小兵的；满腹诗书的人，也有去当小吏的。身死名灭的人多如牛毛，出类拔萃的人很少，就像灵芝草那样珍稀。埋头苦读，弘扬道德文章，结果劳而无益的人，就像日蚀不常见；追求名利，沉迷于纵情享乐的人，像秋天的野草，遍地都是。二者怎么能相提并论呢？还有的人对我说：一生下来不用学习就什么都懂的人，是天才；经过学习才知道的人，就差了一等。因而，学习是使人增长知识，明白道理的。只有天才才能出类拔萃，当将领不知不觉践行了孙子、吴起的兵法；执政用权就如同精通管仲、子产的治理手段，像这样的人，即使不读书，我也可以毫不夸张地说，他们已经读过并且明白了。你们现在既然不能达到这样的水平，如果还不追随古人勤奋好学、刻苦钻研，就像盖着被子蒙头大睡，到头来什么也不会知道。"

2. 学"诗"明"礼"

司马光在《温公家范》中，讲了一个孔子教育儿子孔鲤的故事：

> 陈亢问于伯鱼曰："子亦有异闻乎？"对曰："未也。尝独立，鲤趋而过庭。曰：'学《诗》乎？'对曰：'未也。''不学《诗》无以言。'鲤退而学《诗》。他日又独立，鲤趋而过庭。曰：'学《礼》乎？'对曰：'未也。''不学《礼》无以立。'鲤退而学《礼》。闻斯二者。"陈亢退而喜曰："问一得三，闻《诗》、闻《礼》、又闻

君子之远其子也。"

这个故事说的是学"诗"明"礼"的道理：

陈亢问伯鱼："孔夫子有没有什么奇闻异事呀？"伯鱼回答说："没什么奇闻逸事。只是有一回，我自己侍奉在他老人家身边，他儿子孔鲤着急走过厅堂。夫子问他：'你学了《诗经》了吗？'孔鲤回答说：'还没有。'夫子就教育他说：'不学习《诗经》就没有说话的资格。'孔鲤听完就退下，去学《诗经》了。过了几天，我又自己独自侍奉在夫子身边，孔鲤又迈着小步、快速走过厅堂。夫子又问：'你学习了《礼记》没有？'孔鲤回答说：'没有。'夫子又教育他说：'不学习《礼记》，就不能立身。'孔鲤就又退下去学习《礼记》。"陈亢听完这两件事，回去后兴奋地说："我虽然只提了一个问题，却明白了三个道理。一是明白了学习《诗经》的道理；二是懂得了学习《礼》的道理；三是知道了圣贤与自己子女相处不能过于随意、要遵循礼仪的道理。"

从这个记载可以看出来，古时候的人是特别重视《诗经》和《礼记》的。对此，应该辩证地看，在那个时代所谓"子曰诗云"，就是满口经典，因为只有这样既有针对性又有品位的作品，才是真正出自圣贤之手的，所以孔子说"不学习《诗经》就没有说话的资格""不学习《礼记》，就不能立身"。

这就启发我们，教育孩子一定要让他们学习经典，领悟圣贤的思想，把有限的时间用在学习最有价值的经典上。就像《钱氏家训》里说的那样："读经传则根柢深，看史鉴则议论伟。"意思是：熟读先贤经典就会思想深厚，精通历史古今才能谈吐不凡。

3. 向生活学习

读书是学习，但仅靠读书是远远不够的。《红楼梦》第五回中有一副对联："世事洞明皆学问，人情练达即文章"，曹雪芹把它悬挂在了理家处事能手王熙凤的房间里，很是意味深长。

颜之推在"勉学"中记载了一则邺下谚云："博士买驴，书卷三纸，未有'驴'字。使汝以此为师，令人气塞。"大意是说：邺下有俗谚说："博士买驴，写了三张契约，没有一个'驴'字"。如果让你们拜这种人为师，真会气死人不偿命。

这是社会上对那些只会死读书的酸腐文人的鄙视和嘲讽。在颜之推看来："只要不断学习，用在哪一方面都会有成效。遗憾的是，世上的读书人，往往只能说到，不能做到，很少听得到这些人做了忠孝仁义的善举，即使做了这类善良的好事，也做得不够完美。其实，让他们判断一件诉讼，并不需要他们知晓事情的细枝末节，治理千户小县，不需要管理到具体的百姓，问他们造房建屋，不需要他们知道门楣是横向而门的形状是竖着的，问他们种地耕田，不需要知道小米成熟得早而黄米成熟得晚，歌咏谈笑、吟诗作赋，这些事情既很高雅悠闲，也近乎迂腐荒诞。对于军国大事，一点儿没有用处。"

所以历代的贤哲君子都很注意教育孩子，不仅要学好书本上的知识，也要向生活学习，提倡参加社会实践，把书本上的知识运用于现实生活，丰富知识，增长才干。

陆游的《教子诗》，共有七八首，大都是训导孩子向生活学习的经典之作，如《冬夜读书示子聿》：

古人学问无遗力，少壮工夫老始成。

纸上得来终觉浅，绝知此事要躬行。

诗的意思是：

古人在学习上不遗余力，年轻就用功到老才有所实现。

书本上得来的知识毕竟有限，要精通学问还必须亲自实践。

这是一首教子诗，诗人在前两句诗中，说的是学习的努力和坚持。后两句是强调书本知识与实践作用相比，实践更重要。只有通过"躬行"，把书本知识变成实际能力，知识才能发挥作用。陆游通过这首小诗对儿子子聿谆谆教诲，告诉儿子做学问不仅要孜孜以求、持之以恒，更要亲身实践，只有学以致用，向生活学习得来的才是真正的学问。

示子遹

我初学诗日，但欲工藻绘。

中年始少悟，渐若窥宏大。

怪奇亦间出，如石漱湍濑。

数仞李杜墙，常恨欠领会。

元白才倚门，温李真自郐。

正令笔扛鼎，亦未造三昧。

诗为六艺一，岂用资狡狯。

汝果欲学诗，工夫在诗外。

这首诗的大意是：

我开始学习写诗的时候，不遗余力地堆砌华丽辞藻。人到中年略有开窍，开始追求开阔的意境。怪词奇句也是常有出现，就像激流冲刷着巨石。李白杜甫的诗境如高墙壁立，时常懊恼自己无法领悟。元稹白居易尚未登堂入室，温庭筠李商隐还不值得一提。即使有了高深的笔力，也未必能彻悟其中旨意。诗只是六艺之一，怎能用它来做文字游戏呢？你如果真的想要写好诗歌，功夫要下在诗以外的地方。

陆游的这首《示子遹》，写于84岁高龄，可以说比诗集一生创作之经验，重在训导儿子，想要作诗、懂诗，关键还在于见多识广、思想敏锐、感悟丰厚。所谓"在诗外"就是在人生中、在生活中，只有投入生活、体验人生，才能作出来好诗。

4. 珍惜时光

子在川上曰："逝者如斯夫。"意思是：人的生命就像水流东去，瞬时而逝。所以古人不断地发出感慨，如，庄子曰："人生天地间，若白驹之过隙，忽然而已。"大意是：人的生命在天地之间，就像白色的马驹越过小沟渠，忽然一下就不见了。

汉乐府《长歌行》更是言辞恳切：

青青园中葵，朝露待日晞。

阳春布德泽，万物生光辉。

常恐秋节至，焜黄华叶衰。

百川东到海，何时复西归！

少壮不努力，老大徒伤悲。

大概意思是：

园中的花木欣欣向荣，朝阳就要把晨露晒干。

春天散发的勃勃生机，使万物萌发出生命的光辉。

时常悲恐秋天的到来，大地枯黄草木衰败。

所有的江河东流到海，你什么时候能见到它向西流回来。

人要是年轻的时候不努力，年纪大了只能伤心悲哀。

晋代陆机作《短歌行》：

人寿几何？逝如朝霞。时无重至，华不再阳。

意思是：

人这一辈子能活多大？那逝去的年华就像早晨的彩霞。时光永远不会倒流，美好的青春不会再放光华。

明朝有两个文人，一个叫钱福，一个叫文嘉，前者写了首《明日歌》，后者写了首《今日歌》，都是教育后人珍惜光阴的。

明日歌

明日复明日，明日何其多！

日日待明日，万事成蹉跎。

世人皆被明日累，明日无穷老将至。

晨昏滚滚水东流，今古悠悠日西坠。

百年明日能几何？请君听我《明日歌》。

今日歌

今日复今日，今日何其少！

今日又不为，此事何时了？

人生百年几今日，今日不为真可惜。

若言姑待明朝至，明朝又有明朝事。

为君聊赋《今日诗》，努力请从今日始。

所以，先贤君子无不珍惜青春、爱惜时光，据说著名画家齐白石在八十五岁那年的一天上午，写了四幅条幅，并在上面题诗："昨日大风，心绪不安，不曾作画，今朝特此补充之，不教一日闲过也。"这是何等的惜时啊，这才是对自己生命的尊重。

大文豪鲁迅先生，也十分珍惜时间。他说自己"把别人喝咖啡的工夫用在写作上"，因此著作等身，成为一代文坛巨匠。

在历代家教中，"惜时"教育都是必不可少的。《颜氏家训·勉学》中说：

人生小幼，精神专利，长成已后，思虑散逸，固须早教，勿失机也。吾七岁时，诵《灵光殿赋》，至于今日，十年一理，犹不遗忘。二十以外，所诵经书，一月废置，便至荒芜矣。然人有坎壈，失于盛年，犹当晚学，不可自弃。孔子曰："五十以学《易》，可以无大过矣。"魏武、袁遗，老而弥笃，此皆少学而至老不倦也。曾子十七乃学，名闻天下；荀卿五十，始来游学，犹为硕儒；公孙弘四十余，方读《春秋》，以此遂登丞相；朱云亦四十，始学《易》《论语》，皇甫谧二十始，受《孝经》《论语》；皆终成大儒，此并早迷而晚寤也。世人婚冠未学，便称迟暮，因循面墙，亦为愚耳。幼而学者，如日出之光，老而学

者，如秉独夜行，犹贤乎瞑目而无见者也。

意思是说：

人在幼小的时候，精神专注，长大成年以后，注意力就分散了，因此就该早早教育，不要失掉机会。我七岁的时候，就能诵读《灵光殿赋》，直到今天，十年温习一次，还记得很清楚。二十岁以后，所诵读的经书，放下一个月，就生疏了。但人会有背运不得志而壮年失学的情况，即使到了晚年，仍应该学习，不可以自己放弃。孔子就说过："五十岁学《易经》，可以避免人生再犯大的过失了。"魏武帝曹操和袁遗两位，到了老年更专心致志地学习，这都是从小学到老仍不厌倦的典范。曾参十七岁才开始学习，而名闻天下；荀卿五十岁才来游学，还成为儒家大师；公孙弘四十多岁才读《春秋》，凭借努力做上丞相；朱云也到四十岁才学《易经》《论语》，皇甫谧二十岁才学《孝经》《论语》，最终都成为一代宗师；这些都是早年尚未觉醒而到了晚年才醒悟的例子。世人到二三十岁，已经到了该结婚或举行成年礼的年龄，还没有专门去学习，就自以为太晚了，因为这种陈腐保守的落后想法而失学，也太愚蠢了。幼年学习的人，像太阳刚升起的光芒；老年才学习的人，像夜里走路拿着蜡烛，但总比闭着眼睛什么都看不见要强多了。

颜之推的家教思想里已经蕴含着学习是伴随人终生的美德的思想。他认为，所有胸怀大志的人，无论年龄大小，都应该热爱生命，珍惜时光，努力学习。

陆游有一首《示元敏》，就是教子惜时苦学的：

学贵身行道，儒当世守经。

心心慕绳检，字字讲声形。

吾已鬓眉白，汝方衿佩青。

良时不可失，苦语直须听。

诗的大意是说：

学习的人贵在一心走正道，做学者要一生钻研经典。一心一意地严格要求，每个字都合辙押韵。我已经鬓角眉毛都白了，你们还年轻。人生的大好时光不可失去，我苦口婆心的话你们一定要听。

第八章

谦恭篇

曾国藩遗训：主敬则身体强健。在内专一纯净，在外整齐严肃，这是敬的工夫；出门如同看见贵宾，对待百姓像行大祭祀一样崇敬，这是敬的气象；自我修养以让百姓平安，忠实恭顺而使天下太平，这是敬的效验。聪明智慧，都是从这些敬中产生的。

1. 谦恭礼让

谦恭礼让指的是在人际交往中守礼仪、尊重人、讲谦让，即运用合适的礼节，不卑不亢地为人处世。

讲一个脍炙人口的故事：

清朝康熙年间，有位张姓人家，与邻居吴家因为盖房子涉及一块共用的通道发生纠纷，吴家建房要占用这个通道，张家不同意，双方发生争执，将官司打到县衙。县官考虑到纠纷双方涉及官位显赫的名门望族，不敢轻易判定此案。为此，张家写了一封书信，寄给在朝廷任文华殿大学士、礼部尚书的张英，请求张英出面，为这块空地的专属权作一了断。张英接到书信后，哈哈一乐，随手草诗一首："千里来书只为墙，让他三尺又何妨？"张家人接到回信，喜出望外。等到看完书信，才回过味儿，明白了张英诗的用意。于是，主动让出了三尺宽的空地。吴家人见张家人主动让出了地方，深受感动，觉得很不好意思，也主动让出三尺宽的空地，这样，便有了"争一争，行不通；让一让，六尺巷"的结果。这条六尺巷至今还在，而六尺巷谦恭礼让、睦邻和谐的故事也一直为人们传颂。

这个故事是中华民族谦恭为美、礼让精神的充分体现。巷道虽只有100多米长，但其中的文化内涵却很广很长。

郑板桥曾经用一封家书，处理了一件购买坟地的难解之事，很能反映他谦恭礼让的君子风度。信是这样写的：

郝家庄有墓田一块，价十二两，先君曾欲买置，因有无主孤坟一座，必须刨去。先君曰："嗟乎！岂有掘人之冢以自立其冢者乎！"遂去之。但吾家不买，必有他人买者，此冢仍然不保。吾意欲致书郝表弟，问此地下落，若未售，则封去十二金，买以葬吾夫妇。即留此孤坟，以为牛眠一伴，刻石示子孙，永永不废，岂非先君忠厚之义而又深之乎！夫堪舆家言，亦何足信。吾辈存心，须刻刻去浇存厚，虽有恶风水，必变为善地，此理断可信也。后世子孙，清明上冢，亦祭此墓，卮酒、只鸡、盂饭、纸钱百陌，著为例。

雍正十三年六月十日，哥哥寄。

用现在的白话来说就是：

郝家庄有一块墓地，要价十二两金子，先辈曾经想买下这块墓地，但是有一座不知道主人的孤坟，遗存在墓地中，无法保留、必须刨去。先辈为难地说："哎呀！哪能掘了别人家的坟墓，而把自己家的坟墓立在这里，下不去手啊。"于是，就放弃了买这块墓地。但是，咱们家不买，别人家也一定会来买，这座无主的坟墓还是保不住。所以，我想给郝表弟写封信，打听一下这块地的下落，如果还没有卖出去，则拿上封好的十二两金子，买下来作为我们夫妻的墓地。那座无主的坟墓就留在原地，让咱家的坟墓也沾上这块宝地的风水。立一块刻石告诉子孙，这块墓地的格局永远不再改变。这不是把先辈的忠厚仁义又加深了吗？风水先生那套说辞，用不着深信不疑。我们这些人须铭记在心的，每时每刻都要诚除刻薄、保持宽厚。那样的话，即使有不好的风水，也会转化成宝地，这个道理不能不信。后代子孙，清明来上坟，连这座无主孤坟一起祭奠。大碗酒、整只鸡、饭满盆、纸钱横竖叠起，将来就照着这个样子来祭奠。雍正十三年六月十日，哥哥寄。

这样的事，对很多人来说，确实是不容易做到，更何况那又是一座无主的孤坟。郑板桥的做法，既充满了对死者的敬重，又展示出对生者的宽厚；既是教育他弟弟，也给后代人传递几个做人的道理。一是"岂有掘人之冢以自立其冢者乎"，说的是人做事情绝不可损人而利己。虽然是一座找不着主人的坟，也不能任意刨掉。二是"即留此孤坟，以为牛眠一伴""岂非先君忠厚之义而又深之乎！"讲到了为人应当"去浇存厚"，就是去"刻薄尖酸"存"款人醇厚"的道理。人们在建房子、选墓地的时候，都希望有个好风水。而郑板桥认为：只要我们为人处世做到心存善良、忠厚诚实、谦恭礼让，就都是风水宝地。三是嘱咐弟弟和子孙后代，清明上坟扫墓时，对无主孤坟与自家坟墓一并祭奠，规格一样。如果说"去浇存厚"还是一种心态上的善意，那么对无主孤坟与自家坟墓同样规格一并祭奠，就是对美德的践行，这是非常难能可贵的，让所有的人不得不敬佩。

2. 容忍宽恕

容忍宽恕就是常说的宽容。宽容最早见于《庄子·天下》："常宽容於物，不削於人，可谓至极。"意思是说：时常宽松容纳

135

各种事物，不与人针锋相对，可以说是到了极点。

《汉书·五行志下》："上不宽大包容臣下，则不能居圣位。"意思是说：君主如不能宽大包容臣子，就坐不住皇位。

苏轼《上神宗皇帝书》："若陛下多方包容，则人才取次可用。"意思是说：如果皇上能多方面包涵容忍，那么人才随便就有可用的。

可见宽容讲的是为人处世能够装得下、忍得住别人的缺点和错误。既有事前的宽松，又有事后的大度，是一种人格上的宽容和豁达。

老百姓要说一个人容忍宽恕，就很夸张地说：宰相肚里能撑船。其实，还真有一个这样的故事：

相传，宋朝宰相王安石中年丧妻，后娶名门才女姣娘为妾。婚后，王安石忙于国事，常不回家。而姣娘正值妙龄，难耐寂寞，便与家中一仆人偷情。事情后来传到王安石的耳朵里。一天，他假称外出办事，让轿夫抬着空轿子出了门，自己悄悄藏在家中。到了夜深人静的时候，他蹑手蹑脚地溜到卧室的窗外，听到俩人燕语莺声，正在调情。王安石很是生气，可他并没有惊动屋里的人，而是拿起一根竹竿，朝树上的乌鸦窝捅了几下，乌鸦惊叫着飞了起来。屋里的仆人闻声，慌忙从后窗逃走。转眼到了中秋，王安石想借饮酒赏月的机会，婉言相劝姣娘。便趁着酒兴说："只是喝酒缺少情趣。我吟诗一首你来应答如何？""好啊！"姣娘高兴地答道。王安石吟道："日出东来还转东，乌鸦不叫竹竿捅，鲜花搂着棉蚕睡，撇下干姜门外听。"姣娘一听就脸红了。"扑通"一声跪在丈夫面前答道："日出东来转正南，你说这话整一年。大人莫见小人怪，宰相肚里能撑船。"王安石见姣娘诚心认错，心也就软了。他想：自己已经花甲，而姣娘正值花季，不能全怪她，与其责怪他们不如成全他们。中秋节后，王安石赠白银千两，让仆人与姣娘成了亲。事情传开后，人们对王安石的宽宏大量赞不绝口，"宰相肚里能撑船"也成了千古美谈。

历史上流传着唐代名臣郭子仪"诚感鱼朝恩"的故事，堪称是容忍宽恕的典范：

唐代宗大历四年的春天，郭子仪在抵御吐蕃时，监军太监鱼朝恩指使人暗中挖了他父亲的坟墓，大臣们都担心他会举兵造反，代宗也为这事特地慰问吊唁，郭子仪的几个儿子也说："鱼朝恩欺人太甚，应该给他点颜色看看。"郭子仪哭着说："我长期在外带兵打仗，不能禁止士兵损坏老百姓的坟墓，别人挖我父亲的坟墓，这是报应啊！不必怪罪他人。"后来鱼朝恩请郭子仪赴宴，宰相元载知道后，派人对郭子仪说："鱼朝恩的宴请对你不利，恐怕要谋杀你。"郭子仪的几个儿子和部下都要求一同前往。郭子仪坚持只带几个随从去，他对儿子说："我是国家的大臣，没有皇帝的命令他们怎么敢动我？"到了宴会上，鱼朝恩看到郭子仪只带了几个随从，便问郭子仪："怎么只带这么几个人？"郭子仪就把大家的担忧告诉了鱼朝恩，鱼朝恩感动得流泪说："若非您是长者，能不起疑心吗？"事后，儿子们都很受教育，佩敬父亲的胸怀。

其实，凭郭子仪的功劳影响、人脉关系、家族势力不可能惧怕鱼朝恩，但是如果两大豪门相争，受伤的不仅是他们两家，朝廷恐怕损失最大。郭子仪知道，所有的人都在拭目以待，但他的容忍和宽恕，会使大家都倾向于自己，而鱼朝恩的错误就更加明显，这就是他的高明之处。

《袁氏世范》在教育后代容忍宽恕时就讲"居家贵宽容"，否则就难有家和万事兴：

> 自古人伦，贤否相杂。或父子不能皆贤，或兄弟不能皆令，或夫流荡，或妻悍暴。少有一家之，中无此患者。虽圣贤亦无如之何。譬如身有疮痍疣赘，虽甚可恶，不可决去，惟当宽怀处之。能知此理，则胸中泰然矣。古人所以谓父子、兄弟、夫妇之间，人所难言者如此。

这段话的意思是说：

自古以来的人伦关系，贤达和不肖混在一起。有的父子不是都品德贤达，有的兄弟也不是都能做到无可挑剔，有的丈夫随意放荡，有的妻子悍厉粗暴，很少有一家能免除所有遗憾而尽善尽美的，即使圣贤之家也难免出现这种情况。就像身上长了脓疽疮痛，虽然很恶心，却不能一下子剜掉，只能用善良和耐心来对待。如果能明白这个道理，那么对待这些事就会非常坦然。古人所谓父子、兄弟、夫妇之间难以言说的无非就是这些事情。

在袁采看来，人的缺点有如生长于身上的疥疮一样，虽然深恶痛绝，却无法去除它。在家庭中也是一样，"金无足赤，人无完人"，如果彼此不能容忍互相的缺点，就会使家庭不和。所谓"退一步海阔天空"，就是这个道理。凡事以宽容之心对待，以忍耐之心相处，以吃亏是福之心自慰，很多看似无法调和的矛盾就都可以化解。黄金有价，情义无价，无论是父子、兄弟、夫妻，还是婆媳、姑嫂，都需要彼此的宽容之心。能够设身处地为对方着想，从对方的角度去看待他所做的一切，就不易发生误会。坦诚相待，也不易出现情感危机。

3. 谦虚谨慎

谦虚谨慎是形容人虚心礼让，小心谨慎。《晋书·张宾载记》："封濮阳侯，任遇优显，宠冠当时。而谦虚敬慎，开襟下士。"意思是说：张宾被封为濮阳侯以后，受到青睐、待遇优厚，是当时最受宠的人。而张宾依然能够恭敬礼让，小心谨慎，礼贤下士。可见，谦虚谨慎是历代仁人君子所崇尚的美德。所谓"自满者，人损之，自谦者，人益之"就是这个道理。

据传，孔子周游列国时，在去晋国的路上，遇见一个七岁的孩子拦路，要他回答两个问题才让路。一个是"鹅的叫声为什么大？"孔子答道："鹅的脖子长，所以叫声大。"孩子反问说："青蛙的脖子很短，为什么叫声也很大呢？"孔子无言以对。他惭愧地对学生说："我不如他，他可以做我的老师啊！"这是圣人的谦虚。

大家都知道，扁鹊是中国春秋战国时期的名医。由于他医术高超，被世人公认为"神医"。据说，扁鹊弟兄三人均为当时的名医，尤以扁鹊名气最大。有一天，扁鹊为魏王针灸，魏王问扁鹊："你们兄弟三人到底哪一位医术最高明？"扁鹊不假思索道："大哥最高，我最差。"魏王诧异，就问这是为什么。扁鹊道："我大哥治病于病人发病之前，一般人不知他是在为人铲除病源、防患于未然，所以他医术虽高，名气却不易传播开去；而我二哥在病发之初给人治病，把病情控制于发作之前，所以人们觉得他只是在治小病，并不引起注意；我是治疗病情发作和严重之后，人们能看到我为患者把脉开方、敷药刺穴、割肉疗伤，我也确实让不少病家化险为夷，大家就以为我的医术比长兄高明。"

所以说，扁鹊不仅医术高明，做人也谦虚谨慎，这才是真正的君子。

还有一个徐悲鸿改鸭子的故事，也很令人敬佩。据说有一次徐悲鸿正在画展上评议作品，一位乡下老农上前对他说："先生您这幅画里的鸭子画错了。您画的是麻鸭，雌麻鸭尾巴哪有那么长的？"原来徐悲鸿展出的《写东坡春江水暖诗意》，画中麻鸭的尾羽修长而且卷曲如环。老农告诉徐悲鸿，雄麻鸭羽毛鲜艳，有的漂亮尾巴卷曲；雌麻鸭毛为麻褐色，尾巴是很短的。徐悲鸿不但没有生气，而且愉快地接受了批评，并向老农表示深深的谢意。

像徐悲鸿这样的大师能如此虚怀若谷、谦虚恭谨，其人格可敬，其德行可嘉。

周公是我国商末周初重要的政治家、军事家、思想家和教育家。他曾两次辅佐周武王东伐纣王，并制作礼乐，被历代大儒和统治者所推崇。他的《诫伯禽书》是中国教育史上第一部家训，周武王亲政后，将鲁地封给周公之子伯禽，周公告诫将去封地的儿子应该谦虚谨慎、礼贤下士，从日常待人接物的处世方式到让封地长治久安的统治经验，深入浅出，循循善诱，可谓用心深远：

君子不施其亲，不使大臣怨乎以。故旧无大故则不弃也，无求备于一人。君子力如牛，不与牛争力；走如马，不与马争走；智如士，不与士争智。德行广大而守以恭者荣；土地博裕而守以俭者安；禄位尊盛而守以卑者贵；人众兵强而守以畏者胜；聪明睿智而守以愚者益；博文多记而守以浅者广。去矣，其毋以鲁国骄士矣！

这封家书的大意是：

德行宽厚的人不怠慢自己的亲戚，不能让大臣抱怨没有被任用。老臣故人没有犯严重的过失，就不要离弃他。不要对他人求全责备。有德行的人即使力大如牛，也不能去与牛竞力；即使跑得像马一样快，也不能与马去争速度；即使智慧如士，也不能与士去较量智力高下；德行宽厚却恭敬待人，就会得到荣誉；土地广袤却克勤克俭，就没有危机；禄位尊盛却谦卑自守，就能常保富贵；人多兵强却心怀敬畏，就能常胜不败；聪明睿智却认为自己愚钝无知，就是明哲之士；博闻强识却自觉浅陋，那是真正的聪明。上任去吧，不要因为鲁国的条件优越而对士傲慢啊！

孔子对周公尤为敬仰和赞美，曹操有"周公吐哺，天下归心"的诗句，可见推崇备至。周公的《诫伯禽书》所体现的谦虚谨慎、仁厚宽容的思想已经成为一种为后世所公认的民族的美德。

曾国藩在遗训中教导家人曰：

主敬则身强。内而专静统一，外而整齐严肃，敬之工夫也；出门如见大宾，使民为承大祭，敬之气象也；修己以安百姓，笃恭而天下平，敬之效验也。聪明睿智，皆由此出。庄敬日强，安肆日偷。

若人无众寡，事无大小，一一恭敬，不敢懈慢，则

身体之强健，又何疑乎？

意思是：

待人接物态度恭敬就能使身心强健。内心专一宁静浑然一体，外表衣着整齐态度严谨，这是待人接物态度恭敬的锻炼方式；出门就像要去拜访尊贵的客人，就像老百姓在祭祀祖先时所表现出的恭敬样子，这是待人接物态度恭敬的气氛。想要凭借自己的修养来安抚老百姓，必须虔诚恭敬才能让老百姓信服，这是待人接物态度恭敬的效果。有智慧的人，因为他们为人处世态度恭敬，所以总能够修身、齐家、治国、平天下。待人接物态度庄重恭敬，就会愈加强大，为人处世态度傲慢无礼，就会与日衰亡。如果能做到无论对某个人还是某群人、对小事还是大事都态度恭敬，不敢有丝毫松懈怠慢，那么自己身体和内心的强健，又有什么可怀疑的呢？

曾国藩用自己三十多年从政经验告诉家人，主敬则身强，就是要做到态度严肃、内心专注、衣着整洁，庄重严谨地为人处世，那么掌握的知识就会与日俱增。如果能做到无论对个人还是群体、大事小情都能态度恭敬而不懈怠，那么身心就会因为得到磨炼而更加强健。只要持之以恒地下功夫，不断提高自己，敬事必能成事。

4. 尊师重道

尊师重道语出《礼记·学记》："师严然后道尊。"郑玄作注曰："尊师重道焉，不使处臣位也。"意思是尊敬授业的老师，重

视应该遵循的道理，让他们享受崇高的地位。范晔《后汉书·孔僖传》："臣闻明王圣主，莫不尊师敬道。"意思是：我听说圣明的帝王，没有不是尊师重道的。因此，古今历代正史野史、民间传说中关于尊师重道的事迹比比皆是。

《宋史·杨时传》里有个小故事：

> 杨时字中立，南剑将乐人。幼颖异，能属文，稍长，潜心经史。熙宁九年，中进士第。时河南程颢与弟颐讲孔、孟绝学于熙、丰之际，河、洛之士翕然师之。时调官不赴，以师礼见颢于颍昌，相得甚欢。其归也，颢目送之曰："吾道南矣。"四年而颢死，时闻之，设位哭寝门，而以书赴告同学者。至是，又见程颐于洛，时盖年四十矣。一日见颐，颐偶瞑坐，时与游酢侍立不去，颐既觉，则门外雪深一尺矣。德望日重，四方之士不远千里从之游，号曰龟山先生。

故事讲的是：

宋朝有个叫杨时的人，小的时候就异常聪明，很擅长写文章。长大一些后，就专心研究经史子集等各种典籍。宋熙宁九年考中进士，当时，河南人程颢和弟弟程颐在开门讲课，讲授孔子和孟子的学术思想。河南洛阳这一带的学者都去投在他们门下，拜他们为师。正在这个时候，杨时有个升官的机会，他拒绝了没有去。在颍昌以学生礼节拜程颢为师，师生相处得很好。杨时回家的时候，程颢目送他说："我的道学思想已经向南方传播了。"又过了四年程颢去世了，杨时听说以后，在卧室设了程颢的灵位哭祭，又用书信讦告同学的人。程颢去世以后，杨时又到洛阳拜见程颐，这时杨时已经四十岁了。有一天去拜见程颐，程颐正闭着眼睛坐着小憩，杨时与同学游酢就侍立在门外没有离开，程颐睡醒的时候，那门外的雪已经一尺多深了。后来，杨时的德行和威望一天比一天高，四面八方的人都不远千里来与他交朋友、切磋学问。

《钱氏家训》对尊师重道有很精到的阐发："曾子之三省勿忘，程子之四箴宜佩。"意思是：曾子"一日三省"的教诲不要忘记，程颐用以自警的"四箴"应当随身带着。这里的曾子和程颐都是有名的老师，而"一日三省"和"四箴"都是他们讲的"道理"。所以尊师和重道是一体的。那么，两位先生讲的是什么道理呢？

《论语·学而》曾子曰："吾日三省吾身，为人谋而不忠乎？与朋友交而不信乎？传不习乎？"曾参说："我每天都要多次问自己，替别人办事是否尽力？与朋友交往有没有不诚实的地方？我传授给学生的知识有没有去实践？"曾子是老师，所以总是这样反省自己。

"箴"是规劝、告诫。孔子曾言："非礼毋视，非礼毋听，非礼毋言，非礼毋动"，程颐对此做进一步阐发，称"程子四箴"：

视箴：心兮本虚，应物无迹；操之有要，视为之则。蔽交于前，其中则迁；制之于外，以安其内。克己复礼，久而诚矣。

意思是：

人心本来是空虚的，对外物变化没有痕迹；关键是不合礼的不要看。事物若看不清楚，内心就会游移不定。将它遏制在心之外，以使内心安宁。克制自己的欲望恢复圣人的古礼，久而久之心志就专一了。

听箴：人有秉彝，本乎天性；知诱物化，遂亡其正。卓彼先觉，知止有定；闲邪存诚，非礼勿听。

意思是：

人天生就有美好的禀性；心灵受到外物的诱惑，就会丧失正确的思想。超凡的人事先能够察觉，就知道适可而止具有定力。抵御邪念而保持心志专一，不合礼法的言谈不要听。

言箴：人心之动，因言以宣；发禁躁妄，内斯静专。矧是枢机，兴戎出好；吉凶荣辱，惟其所召。伤易则诞，伤烦则支；己肆物忤，出悖来违。非法不道，钦哉训辞！

意思是：

人的内心变化通过语言展示；发表言论不要浮躁虚妄，内心才专注和宁静。言辞犹如机关，能引发战争，也能带来和平；吉凶荣辱都是言语所致。说话过于轻易，就显得荒诞，而过于繁杂，又会琐碎难以让人知晓。人若太放肆，事物必与他相冲突。说违背规律的话，回应你的话也必然相悖。不说不符合天道礼法的话，这是训教之言啊！

动箴：哲人知几，诚之于思；志士励行，守之于为。顺理则裕，从欲惟危；造次克念，战兢自持；习与性成，圣贤同归。

意思是：

哲人因真诚的思考，所以知道事物的玄机；有志之士激励品行，以掌控为人处事的原则。顺理而做就从容不迫。放纵私欲就会面临危险；克制自己鲁莽轻率的念头，战战兢兢地把持住自己；习惯和天性就会融为一体，回归到圣贤的境界。

这就是两位名师所讲的道理。

这样的尊师重道，古往今来数不胜数，因为，越是有文化的人家越知道教育的重要性，所以，对老师格外尊重。

林则徐在给二儿子聪彝的家书中嘱咐说：

> 至于拱儿年仅十三，犹是白丁，尚非学稼之年，宜督其勤恳用功。姚师乃侯官名师，及门弟子领乡荐、捷礼闱者，不胜缕指计。其所改拱儿之窗课，能将不通语句改易数字，便成警句。如此圣手，莫说侯官士林中都推重为名师，只恐遍中国亦罕有第二人也。拱儿既得此名师，若不发奋攻苦，太不长进也。……遇有心得，随手摘录。苟有费解或疑问，亦须摘出，请姚师讲解，则获益多矣。

意思是说：

你弟弟拱枢今年才十三岁，还是个没有什么功名的读书人，这样的年纪自然不应该学习务农，而应该督促他勤勉读书。他的老师姚先生是侯官县一带著名的老师，他的学生当中成为举人和参加会试成为贡士的不计其数。他批改的拱枢诗文习作，能将不通之处稍微改几个字就成为警句。像这样的高手，不要说在侯官县是大家推崇的名师，就是在全中国也找不到第二个人。拱枢能得到这样的名师指点，若不再发奋读书，真是太不长进了。……阅读时还需要做读书笔记，一旦有学习心得，随手记下来。假如遇到不懂的地方或疑难之处，也记下来，向姚老师请教，这样就能大有长进。

林则徐在信中对老师之恭敬，叮嘱之恳切，令人感动。

5. 礼贤下士

礼贤下士是指社会地位较高的人敬重、结交有德有才的人。礼贤是尊敬贤者。下士即降低自己的身份结交地位比自己低但有才能的人。刘备"三顾茅庐"就是礼贤下士的最好注释。

《新唐书·李勉传》："其在朝廷，鲠亮谦介，为宗臣表，礼贤下士有始终，尝引李巡、张参在幕府。"说的是唐朝李勉的故事。

唐朝有一个名叫李勉的人，是皇亲。李勉为官清廉，以善于用人而闻名。他奉命巡查州县官吏政绩时，发现一个名叫王晬的人很有才华，便让他代理县令的职务。

不久，王晬遭到权贵的诬陷，唐肃宗颁下诏书，要李勉处死王晬，李勉没有马上逮捕王晬，而是连夜上奏章，请求朝廷赦免他。肃宗接到奏章后，免去王晬死罪。但是，李勉也因执行圣旨不力而被召回京师受罚。

李勉回京后，向肃宗面奏王晬无罪，主张现在要任用的，就是像王晬这样正直能干的人。肃宗了解了详细情况后，对李勉坚持正义、保护贤才的做法予以肯定，授他为掌管宗庙礼仪的太常少卿，并任命王晬为县令。王晬到任后，为官清正，办事公道，很受百姓

147

爱戴。朝中人也都称赞李勉能识别和爱惜人才。

后来，李勉担任节度使，听人说李巡、张参这两个人相当有才学，便请他俩来辅助自己办理公务。李勉并不因为这两位名士是自己的下属而摆任何架子，而是始终以礼相待。凡是有宴会，总要请他们一起出席。

不幸的是，李巡、张参两人不久先后去世。李勉非常怀念他们，每逢宴请宾客时，总要设两个空位，照常摆着酒菜，就像他俩还活着似的。不仅是对李巡、张参那样的贤才，就是对普通士兵，李勉也以礼相待，爱护备至，所以在他手下当差的人，都愿意为他效力。

后世对李勉的品格和为人十分推崇，特别是对他尊重有才德的人，有礼貌地对待地位低下的人，更是长久地称道。

曹操在《短歌行》里有诗云："周公吐哺，天下归心。"意思是：像周公那样礼待贤才，才能使天下人心都归向我。其中"周公吐哺"典出《韩诗外传》卷三：

> 成王封伯禽于鲁，周公诫之曰："往矣！子其无以鲁国骄士。吾文王之子，武王之弟，成王之叔父也，又相天下，吾于天下，亦不轻矣。然一沐三握发，一饭三吐哺，犹恐失天下之士。"

意思是说：

周成王把鲁国分封给伯禽，周公告诫伯禽说："去吧！你千万不要因为鲁国的强盛而对那里的士人摆架子。我是文王的儿子，武王的弟弟，成王的叔叔，我对于天下来说，分量可不轻啊。即使这样，我还是沐浴一次，中间有三回，我要握着湿头发，出来见客人；吃一顿饭，要三次停下来，吐出口中食物会见来宾，就这样还担心失去天下的圣贤君子。"

周公为了招揽天下贤才，接待求见之人，能如此恭敬谦虚，让人们赞叹不已。后人就用"周公吐哺、一沐三握、一饭三吐"来表达求贤若渴、礼贤下士的精神。

康熙皇帝的《庭训格言》中有"不以自知弃人之善"的训导：

> 人心虚则所学进，盈则所学退。朕生性好问。虽极粗鄙之人，彼亦有中理之言。朕于此等处决不遗弃，必搜其源而切记之，并不以为自知自能而弃人之善也。

这段训辞的意思是说：

人如果心怀谦虚，学识就易精进；如果心怀自满，学识就会退步。我生来就喜欢询问，即使是非常粗俗卑贱的人，他也会说出切中事理的话。我对这些切中事理的话，绝不会左耳朵进、右耳朵出，一定找到这些话的缘由并牢牢记住，并不因为自己知道得多、能力大而对别人的优点视而不见。

康熙皇帝喜欢以身说法，这段庭训也是这样。为的是训导子孙要虚怀若谷，谦恭待人，不能因为自己在某些方面懂得多、有能力就鄙视别人，在康熙皇帝的人生经验中，"虽极粗鄙之人，彼亦有中理之言"。所以，决不要"以为自知自能而弃人之善也"。

古往今来，越是有学问的大家庭，越是教育孩子恭敬老师，训导孩子尊师礼贤。郑板桥在给弟弟的信中说：

> 夫择师为难，敬师为要。择师不得不审，既择定矣，便当尊之敬之，何得复寻其短？吾人一涉宦

途，既不能自课其子弟。其所延师，不过一方之秀，未必海内名流。或暗笑其非，或明指其误，为师者既不自安，而教法不能尽心；子弟复持藐忽心而不力于学，此最是受病处。不如就师之所长，且训吾子弟不逮。如必不可从，少待来年，更请他师；而年内之礼节尊崇，必不可废。

这段话的意思是说：

选择老师比较困难，而尊敬老师则更加重要。选择老师不能不审慎，一旦确定了，就应当尊敬他，怎么能再挑他的毛病呢？像我们这些人，一进官场，就不能亲自教授自己的孩子读书。为孩子聘请的老师，不过是某一地方的优秀人才，未必是国内知名人士。如果学生有的暗中告发老师的过错，或有的当众指责老师所讲有错误，这样会使老师内心惶惶不安，自然不会尽心尽力地教育学生；孩子们如果再有蔑视老师的想法而不努力学习，这是最令人头痛的事了。与其如此，不如以老师的长处，来教育弥补孩子们的不足。如果老师不好，一定不能让孩子再跟从他学习了，也要稍作等待，到来年再聘请别的老师；而在老师任期之内的一切礼节和尊崇，一定不可随意废弃。

其实，像这些达官贵人家请来的老师，也就是比较优秀的读书人，一般没有什么社会地位，能够以礼相待、恭敬有加，很是难能可贵的。

6. 从善如流

从善如流是形容一个人能迅速地接受别人的好意见。这句话出自《左传·成公八年》："君子曰：从善如流，宜哉。"是说：君子有言，一个人能迅速如流水一样地接受别人的好意见，就很不错啦。

这句话来自《左传》中的一个小故事：

郑国是春秋时的小国，它为了抵挡楚国，就和晋国签订了盟约。郑晋结盟的第二年，楚国就发兵攻打郑国。晋军有约在先，便派兵救援，路上与楚军不期而遇，楚军不战而退。晋将赵同等将领主张乘机攻占楚国的蔡地。他们催请栾书元帅下道令发动攻击，但中军佐知庄子不同意栾书元帅发兵，就对栾元帅说："楚军已撤，郑国转危为安，我们就没有必要再进攻楚国。"栾书元帅觉得有理，毅然命令大军收兵、撤回晋国。对此，《左传》称赞栾书的举动是"从善如流，宜哉"。

《袁氏世范》中教育子孙"君子有过必改"：

> 圣贤犹不能无过，况人非圣贤，安得每事尽善？人有过失，非其父兄，孰肯诲责；非其契爱，孰肯谏谕。泛然相识，不过背后窃议之耳。君子惟恐有过，密访人之有言，求谢而思改。小人闻人之有言，则好为强辩，至绝往来，或起争讼者有矣。

意思是说：

圣贤尚且不能没有过错，何况一般人不是圣贤，怎么能够每件事都做得尽善尽美呢？一个人犯了过错，若不是他的父母兄长，谁肯教诲责备他呢？若不是他情意相投的朋友，谁又肯规谏劝告他呢？关系一般的人，不过是背地里议论几句罢了。品德高尚的君子，惟恐自己犯错，暗地查访别人对自己的议论，听到这些议论就会感谢别人，并且想着改正过错。品德低下的小人，听到别人对自己的议论，就爱强行替自己辩解，以至于断绝了朋友的交往，还有人为此而对簿公堂。

俗语说："人非圣贤，孰能无过。"犯了错误不要紧，关键是看他怎样去对待错误。君子"闻过则喜"，知错就改；愚人刚愎自用，颠顸无能。遍观古今，不论开明君主，贤达人士，凡是能成就一番事业的，往往都能知错必改、从善如流。而那些文过饰非、任性妄为，不愿悔改的无耻之人，注定要成为被人耻笑的失败者。

康熙皇帝在《庭训格言》中现身说法，训导子孙"嘉纳良言闻过则改"：

> 一日，议政王大臣入内议军旅事，奏毕佥出，有都统毕立克图独留，向朕云："臣观陛下近日天颜稍有忧色。上试思之，我朝满洲兵将若五百人合队，谁能抵敌？不日永兴之师捷音必至。陛下独不观太祖、太宗乎？为军旅之事，臣未见眉颦一次。皇上若如此，则懦怯不及祖宗矣。何必以此为忧也。"朕甚是之。不日，永兴捷音果至。所以，朕从不敢轻量人，谓其无知。凡人各有识见。常与诸大臣言，但有所知、所见，即以奏闻，言合乎理，朕即嘉纳。都统毕立克图汉仗好，且极其诚实人也。

意思是：

一天，众大臣进宫商议战事，他们进奏完后都退下了，只有都统毕立克图单独留下，他对我说："为臣观察陛下近日的脸色，多少有些忧虑之情。皇上您想一想，我大清八旗官兵，如果集结五百人，编成队形，冲锋陷阵，谁又能抵敌挡得住他们呢？过几天，永兴方面的我军必定会传来胜利的喜讯。难道陛下您还不了解当年太祖、太宗他们用兵的过程吗？为臣从没有见过他们皱一次眉头。皇上您如果这样怯懦心虚，就赶不上祖宗了！您大可不必为这样的情况而忧虑。"我以为他的话是很对的。过了不几天，捷报果然传来。所以，我从来不敢轻视别人、说人家无知。因为，每个人都有自己的见识。我经常和各位大臣说，你们但凡知道什么、见到什么，都可以进奏，让我知晓；对于合理的见解，我会赞许并采纳。都统毕立克图，体貌魁梧，面目俊好，而且是一个十分诚实的人。

康熙皇帝的这一段训导告诉后人两个道理：一是每个人的认知都有局限，每个人也都有自己独到的体验和见识。因此，学会聆听和接受，就相当于在借别人的眼睛观察世界，借别人的体验去认知世界。你可以从中更全面地了解你所未知的世界、去增长你的见识。这就叫"兼听则明"。二是通过聆听和接受别人的见闻和见识，你才能知道自己的不足，从而取长补短，不断提高。这就叫"从善如流"。孔夫子说："三人行，必有我师焉。择其善者而从之，其不善者而改之"就是这个道理。

《钱氏家训》中有一句格言："能改过则天地不怒，能安分则鬼神无权。"大意是说：能从善如流天地都喜欢，能安守本分鬼神也无奈何。这是无比珍贵的人生箴言。

7. 祸从口出

祸从口出指说话不谨慎容易惹祸。语出晋代傅玄《口铭》："病从口入，祸从口出。"意思是：病患从嘴巴进到身体里，灾祸从嘴巴里产生出来。指吃东西不小心就会引发病患，说话不谨慎容易惹来灾祸。

人们都说金玉良言才是傍身之道，很多老祖宗传下来的口头禅，其实都是古往今来的教训，蕴含着惨痛的人生经验。当然，祸从口出，并不是要人们面对灾祸而闭口不言，国家有了危机、人民有了灾难、社会有了不公，敢于仗义执言，为民说话，以致遭到了歹人的报复，甚至不惜牺牲生命，这样的"祸从口出"是仁人志士的担当，令人敬佩。所以，祸从口出理应因事、因时而言，"祸"是有原则的，"口"是有良知的、"出"是有担当的。而随意无良的、不负责任的、毫无底线的、耍小聪明的胡言乱语、信口开河，所带来的灾祸，只能是咎由自取、活该倒霉。

据《周书·贺若敦传》记载：

贺若敦骁勇善战，立下了汗马功劳。可是他的官职一直都不高，和他同时入伍的同僚，有些已经是大将军，再看看自己还只是一个金州刺史，于是，心里多有怨恨。

贺若敦常对自己的同僚下属抱怨朝廷的不公。有一次，朝廷的使者来视察，贺若敦直接在这个使者面前一而再、再而三地抱怨自己待遇差，朝廷有多么不公。当时，这些抱怨的话传到宇文护那里，宇文护很生气，认为贺若敦的言行就是在藐视怨恨自己。于是，一怒之下直接下令，让贺若敦回朝廷自杀。

临死前，贺若敦终于明白自己招来杀身之祸的根源。于是将儿子贺若弼叫来："你一定要牢记我是因为什么而死，以后一定不能随意乱嚼舌根，祸从口出，要切记！"贺若敦命人拿来细针，把贺若弼的舌头都扎出血来，要让儿子牢记这个血泪教训。

可是贺若敦的一片苦心，贺若弼没能真心感悟，最后还是步了父亲的后尘。贺若弼是位少年将军，从小在父亲的身边耳濡目染，对于用兵打仗很有心得，并且聪慧过人，擅长骑射，是一位文武奇才。

隋文帝即位之后，到处招揽人才，有人推荐了贺若弼，夸他文武奇才，说贺若弼如果排第二，就没人敢排第一。于是隋文帝就将贺若弼纳入麾下，贺若弼不负众望，立下了汗马功劳。之后隋文帝给了贺若弼高官厚禄。

这个时候的贺若弼，已经完全忘记祸从口出的惨痛教训。觉得自己一人之下万人之上，不把任何人放在眼里。杨素当上宰相之后，贺若弼非常不满，到处说："凭什么他是宰相？我难道不比他功劳大吗？"隋文帝实在忍不下去，就直接罢了他的官，让他去监狱里反省。没想到贺若弼到了监狱依然管不住自己的嘴巴，骂引荐自己的尚书左仆射高颎是酒囊饭袋，发表各种藐视朝廷官员的言论，让朝臣群起而攻之，纷纷上奏希望治他死罪。

隋文帝念旧，留了他一条性命，可是隋炀帝登基后，对于满口胡言乱语的贺若弼已经毫无怜悯之心，直接下令杀了。

贺若弼的下场真是咎由自取，因为他父亲血的教训依然没能让他惊醒。其实，还是贪得无厌导致了这样的结局。如果贺若弼能够收敛一些，口上积德，最后下场就不会这么凄惨。

可见，因为自己品德或人格不善而祸从口出，不但不值得同情，还会被他人耻笑。有一个关于"溜须"的故事，就是如此：

据说，寇准做人很嚣张，容易出言不逊。他任宰相的时候，有一次大家一起吃饭，寇准的胡子被汤打湿了，当时他的副手丁谓很是殷勤，急忙过来帮他擦胡子。寇准就斜着眼讽刺丁谓："你一个朝廷大员给长官溜须，还顾及脸面吗？"这就是"溜须"的来历。羞愧难当的丁谓从此怀恨在心，最后想方设法败坏寇准，最终导致寇准被贬官，去了广东。

这就是一个无故损人、祸从口出的事例，细想起来，真是毫无意义。

马援，西汉末年至东汉初年著名军事家，东汉开国功臣之一。《后汉书·马援列传》记载：马援十二岁时，父亲去世。马援"少有大志，诸兄奇之"。

马援的哥哥留下两个儿子，马严和马敦。这两个孩子小时候父母比较溺爱，养成了爱议论人短长的坏毛病，还常常和一些轻浮、爱打架斗殴的人打交道。为此，马援比较焦虑，就给两个侄儿写了封信，信中说：

> 吾欲汝曹闻人过失，如闻父母之名，耳可得闻，口不可得言也。好议论人长短，妄是非正法，此吾所大恶也。宁死，不愿闻子孙有此行也。汝曹知吾恶之甚矣，所以复言者，施衿结缡，申父母之戒，欲使汝曹不忘之耳！

信的意思是：

我希望你们听说了别人的过失，像听见了父母的名字，耳朵可以听见，但嘴中不可以议论。喜欢议论别人的长处和短处，胡乱评论朝廷的法度，这些都是我深恶痛绝的。我宁可死，也不希望自己的子孙有这种行为。你们知道我非常厌恶这种行径，这是我一再强调的原因。就像女儿在出嫁前，父母一再告诫的一样，我希望你们不要忘记啊。

《朱子家训》中说：

> 轻听发言，安知非人之谮诉？当忍耐三思；因事相争，焉知非我之不是？需平心暗想。

意思是：

他人说长道短，不可轻信。因为不知道他是不是来说人坏话的。因事相争，要冷静反省自己，因为怎知道不是我的过错？

这就是君子应取的态度，对于流言要谨慎；自己讲话应小心。

曾国藩在家书中叮嘱曾家子弟：

> 吾家子弟满腔骄傲之气，开口便道人短长，笑人鄙陋，均非好气象。贤弟欲戒子侄之骄，先须将自己好议人短、好发人覆之习气痛改一番，然后令后辈事事警改。
>
> 欲去骄字，总以不轻非笑人为第一义；欲去惰字，总以不晏起为第一义。弟若能谨守星冈公之八字，三不信，又谨记愚兄之去骄去惰，则家中子弟日趋于恭谨而不自觉矣。

意思是说：

我家的子弟满腔骄傲之气，开口便说别人这个短那个长，讥笑别人这个鄙俗那个粗陋，都不是好现象。贤弟要告诫子弟除去骄傲，先要把自己喜欢议论别人短处，讥讽别人失败的毛病痛加改正，然后才可叫后辈的子弟们事事处处警惕，不再犯这个毛病。

要想去掉骄字，以不轻易非难讥笑别人为第一要义。要想去掉惰字，以早起为第一要义。弟弟如果能够谨慎遵守星冈公的八字诀和三不信，又记住愚兄的去骄去惰的话，那家里子弟，不知不觉地便会一天比一天近于恭敬、谨慎了。

社会上还有一种很令人讨厌的现象，就是取笑别人，尤其是取笑身体有残疾或缺陷的人。这也是和祸从口出性质一样的流弊，不是君子所为。

康熙皇帝在《庭训格言》中训导子弟，不允许做这种没教养的事。其训曰：

> 大凡残疾之人不可取笑，即如跌蹼之人亦不可哂。盖残疾人见之宜生怜悯。或有无知之辈见残疾者每取笑之。其人非自招斯疾，即招及子孙。即如哂人跌蹼不旋踵，间或即失足，是故我朝先辈老人常言勿轻取笑于人，"取笑必然自招"，正谓此也。

意思是说：

要是遇见有残疾的人千万不能取笑他，就像见到别人不幸摔倒了，你不能在旁边嬉笑一样。凡是看见残疾人应该心生怜悯。经常能看见一些缺乏良知的人，总是拿残疾人开玩笑，这种人就是在找病招灾呢，他没灾病也会祸及子孙。就像取笑别人不幸跌倒的人，没来得及转身，转瞬就摔了个四脚朝天。所以朝中老辈人经常告诫：不要随便取笑别人，常言道，"取笑别人必然自取其辱"，说的就是这种情况。

第九章

勤俭篇

历览前贤国与家，成由勤俭败由奢。

——李商隐

1. 勤俭节约

勤俭节约的意思是勤劳而节俭，形容工作努力，生活节约。

勤俭一词出自《尚书·大禹谟》："克勤于邦，克俭于家。"意思是：报效国家，要勤劳；主持家庭，要节俭。

老子《道德经》有："上士闻道，勤而行之。"意思是：高明的士人听了道的理论，就努力去实行。又说："我有三宝持而保之：一曰慈，二曰俭，三曰不敢为天下先。"意思是：我握有三件宝贝终生保存：一是有慈悲的胸怀；二是有俭约的法度；三是有不敢超越别人的心态。其中的第二点说的就是"勤俭"的意思。

有这么一个民间故事：

从前，有一个叫吴成的农民，临终前，把一块写有"勤俭"两字的横匾交给两个儿子，告诫他们说："你们要想一辈子不挨饿，就一定要照这两个字去做。"后来，兄弟俩分家时，将匾一锯两半，老大分得了一个"勤"字，老二分得一个"俭"字。老大把"勤"字恭恭敬敬高悬家中，每天日出而作，日落而息，年年五谷丰登。然而他的妻子却过日子大手大脚，家里浪费严重，久而久之，家里就出现了粮荒。

老二自从分得半块匾后，也把"俭"字当作"神谕"供放在中堂，却没把"勤"字当回事。他疏于农事，每年所收获的粮食就不多。尽管一家几口节衣缩食、省吃俭用，毕竟也是难以为继。这年大旱，兄弟两家都维持不住。他俩情急之下扯下字匾，将"勤""俭"二字踩碎在地。这时候，有个纸条从窗外飞来，兄弟俩拾起一看，上面写道："只勤不俭，好比端个没底的碗，总也盛不满!""只俭不勤，坐吃山空，一定会挨饿受穷!"兄弟俩恍然大悟，"勤""俭"两字原来缺一不可、不能分家。后来，兄弟俩将"勤俭"二字贴在家门上，日子过得一天天好起来。

这个故事告诉后人，勤俭是亲兄弟，不可偏废、缺一不可。所以历代家教总是以此叮嘱子孙后代。《朱子家训》说："勤俭为本，自必丰亨；忠厚传家，乃能长久。"意思是说：把勤劳节俭作为根本，必定会丰衣足食；用忠实厚道传承家业，就能够源远流长。其实，这个道理很好懂，古往今来，一般老百姓的家境，如不勤俭节约，必然捉襟见肘。而作为皇帝，能够勤俭节约，就非常难能可贵。

在朱元璋的故乡凤阳，还流传着四菜一汤的歌谣："皇帝请客，四菜一汤，萝卜韭菜，着实甜香；小葱豆腐，意义深长，一清二白，贪官心慌。"朱元璋给皇后过生日时，只用红萝卜、韭菜，青菜两碗，小葱豆腐汤，宴请众官员。而且约法三章：今后不论谁摆宴席，只许四菜一汤，谁若违反，严惩不贷。

康熙皇帝的《庭训格言》有训曰：

民生本务在勤，勤则不匮。至于人生衣食财禄，皆有定数。若俭约不贪，则可以养福，亦可以致寿。若夫为官者，俭则可以养廉。居官居乡只廉不俭，宅舍欲美，妻妾欲奉，仆隶欲多，交游欲广，不贪何以给之？与其寡廉，孰如寡欲？语云：

"俭以成廉,侈以成贪。"此乃理之必然矣!

意思是说:

人生在世,就应当勤奋,只有勤奋了才能过上富裕的日子。要说人这一辈子,穿什么衣服,吃多少粮食,发多大财,当多大官,老天爷都是有定数的。如果你吃用都简单不贪心,就可以滋养你的福分,你也会延年益寿。如果入仕当了官,生活俭朴就可以培养你的清廉。不管当官在任还是闲居乡下,要是只清廉而不俭朴,住房追求豪华美观,妻妾成群伺候周全,奴仆恨不得多多益善,游山玩水越逛越远,不贪怎么能办得到?如果想要降低清廉的标准,莫不如减少人的欲望来得更直接。俗话说:"俭朴可以培育清廉,奢侈可以铸成贪腐。"这道理千真万确。

康熙以自己执政61年的经验,所述极其深刻。"俭以成廉,侈以成贪"这已经是一般人都明白的道理,而"与其寡廉,孰如寡欲"却不是一般人都能深入理解的。所以,康熙皇帝在这段庭训中,着重分析了勤俭、清廉、贪腐、欲望之间的关系,告诉子孙要戒贪必先寡欲,要寡欲必修勤俭。眼光之敏锐、洞察之深邃,非一般人所能至。

2. 勤恳为民

勤恳一词语出司马迁《报任少卿书》:"曩者辱赐书,教以顺于接物,推贤进士为务,意气勤勤恳恳。"意思是,承蒙您给我来信,教导我要顺应时势,把推荐人才作为自己的责任。语重心长、口气诚恳。可见，勤恳主要是形容为人诚挚恳切；做事忠实不懈。诸葛亮脍炙人口的《出师表》，所体现出来的精神，就是"勤恳"。

春秋时期鲁国有位正卿叫季文子，他辅佐鲁僖公执政多年，为人谨小慎微，克俭持家，执掌鲁国朝政三十多年，厉行节俭，开一代俭朴风气；开初税亩，促进鲁国的改革发展。

《左传》记载了季文子的故事：

> 季文子相宣、成，无衣帛之妾，无食粟之马。
>
> 仲孙它谏曰："子为鲁上卿，相二君矣，妾不衣帛，马不食粟，人其以子为爱，且不华国乎！"文子曰："吾亦愿之。然吾观国人其父兄之食粗而衣恶者犹多矣，吾是以不敢。人之父兄食粗衣恶，而我美妾与马，无乃非相人者乎？且吾闻以德荣为国华，不闻以妾与马。"文子以告孟献子，献子囚之七日。自是，子服之妾衣不过七升之布，马饩不过稂莠。文子闻之曰："过而能改者，民之上也。"
>
> 使为上大夫。

这个故事是说：

季文子出身于三世为相的家庭，是春秋时代鲁国的贵族。为官三十多年，一生俭朴，以节俭为立身的原则，并且要求家人也过俭朴的生活。他穿衣只求朴素整洁，除了朝服以外没有几件像样的衣服。每次外出，所乘坐的车马也极其简单。有个叫仲孙它的人就劝季文子说："你身为上卿，德高望重，但听说你在家里不准妻妾穿丝绸衣服，也不用粮食喂马。你自己也不注重容貌服饰，这样不是显得太寒酸，让别国的人笑话您吗？这样做也有损于我们国家的体面，人家会说鲁国的上卿日子过得很难堪。您为什么不过得体面些呢？这于己于国都有好处，何乐而不为呢？"季文子听后对他严肃地说："我也希望把家里布置得豪华典雅，但是看看我们国家的百姓，还有许多人吃着粗茶淡饭、难以下咽，穿着破衣烂衫、饥寒交迫；想到这些，我怎能忍心去为自己添置家产呢？如果平民百姓都粗茶敝衣，而我则妆扮妻妾，精养良马，这哪里还有为官的良心！况且，我听说一个国家的强盛与光荣，只能通过臣民的高洁品行表现出来，并不是以他们拥有美艳的妻妾和优良的骏马来确定的。如果真是这样，我又怎能接受你的建议呢？"一番话，说得仲孙它满脸羞愧，同时也对季文子更加敬重。季文子把这件事告诉孟献子，献子将儿子关了七天。从此以后，仲孙它的妻妾穿的都是粗布衣服，喂马的饲料都是杂草。季文子知道这件事后，说："犯了错误能及时改正，就是出类拔萃人了。"于是让仲孙它做了上大夫。

这就叫勤恳为民，如果人民的公仆都有这样的境界，何愁社会风气不好转，何愁复兴大业不实现！

曾国藩在炙手可热的时候，就给弟弟写信说：

诸弟在家，总宜教子侄守勤敬，吾在外既有权势，则家中子侄最易流于骄，流于佚，二字皆败家之道也，万望诸弟刻刻留心，勿使后辈近于此二字，至要至要。

弟为余照料家事，总以俭字为主，情意宜厚，用度宜俭，此居家乡之要诀也。

意思是说：

弟弟们在家，总要教育子侄辈遵守"勤敬"二字，我在外既有了权势，那么家里的子侄最容易产生骄傲奢侈、放荡不羁的心理。"骄佚"二字，正是败家之道，万万希望弟弟们时刻留心，不要让子侄们染上这两个字，至关紧要啊！

弟弟为我照料家里事情，总要以勤俭为主，情意要厚重，生活要节俭，这是居家的重要诀窍。

曾国藩意识到，自己的声誉名望会给远在家乡的家人带来优越感，尤其容易让年轻的弟弟子侄们产生骄傲奢侈的心理，所以嘱咐各位弟弟，要谨遵"勤敬""节俭"，戒除"骄佚""奢侈"。这种训导所体现出的境界和眼光，很值得当今的富贵人群，特别是"富二代"们谨记。

3. 勤勉不怠

勤勉不怠意思是很努力，不松懈、不停止。屈原《离骚》中有："路漫漫其修远兮，吾将上下而求索。"说的就是这种精神。

勤勉一词最早见于《孟子》：

> 勤勉之道无他，在有恒而已。良马虽善走，而力疲气竭，中道即止。驽马徐行弗间，或反先至焉。是故举一事，学一术，苟进取不已，必有成功之一日，在善用其精力耳。今人或有志于学，一旦发愤，知不分昼夜，数十日后，怠心渐生，终以

废学。

意思是说：

勤勉没有别的方法，在于坚持不懈。良马虽然善于奔跑，却容易气力衰竭，中途就会停下来。劣马缓慢行走，不停顿，反而先到。因此要办一件事，学好一种技艺，真能精进不止，必然有成功的一天，关键是善于运用精力罢了。现在有的人有志向学习，已然发奋，不分白天黑夜，几十天后，懈怠的心情就油然而生，最后荒废了学业。

《荀子·富国》："奸邪不作，盗贼不起，化善者勤勉矣。"意思是：奸邪小人不再兴风作浪，盗贼恶行不再到处发生，是因为圣贤坚持不懈的努力，用善的思想教育转化的结果。

《清史稿·允礽传》："臣当益加勤勉，谨保终始。"意思是：我一定更加努力，尽心尽力、坚持到底。

这两句话中的"勤勉"是同样的意思：很努力，不松懈、不停止。

进过寺院的人都知道，大殿里的僧人，总是在敲一块张着嘴的木头，它叫木鱼。有人问寺院里的大师："为什么念佛时要敲木鱼？"大师说："名为敲鱼，实为敲人。""为什么不敲鸡呀、羊呀？偏偏敲鱼呢？"大师笑着说："因为鱼儿是世间最勤快的动物，整天睁着眼，四处游动。"这下人们明白了，这是在告诫修佛的人，要勤勉不怠。至勤的鱼儿都要时时敲打，何况懒惰的人呢！

4. 悭吝之痛

悭吝就是过分爱惜自己的财物,到了当用而不用的程度。用老百姓的话说,就是小气、抠门儿。其实,人们在讲究勤俭的时候,应该有个度,过分了就是悭吝。所以说,悭吝的人往往就是勤俭的人,只是太过于勤俭了。

悭吝的记载在古书里既多又早,春秋时期庄子向监河侯借粮的寓言说的就是悭吝的事。后来南北朝时期的刘义庆《世说新语》专设"俭啬"篇,记载了九个"确有其事"的名人悭吝故事。

在《世说新语》中,有对官至司徒的大名士王戎的悭吝记载:

"王戎俭吝,其从子婚,与一单衣,后更责之。"是说王戎生性吝啬,他的一个侄子结婚,作为伯父的王戎当然要随个礼。王戎随口说:"送他一件单衣"。但是,过后又心疼不已,跑到人家家里给要了回来。

对自己的亲生女儿,王戎也很抠门儿。"王戎女适裴頠,贷钱数万,女归,戎色不悦",是说王戎的女儿嫁到裴家时,从王戎这里借了几万钱。女儿回娘家的时候,忘了归还老爹的那几万钱,王戎很不高兴。"女遽还钱,乃释然。"王戎的女儿赶紧将钱还上,王戎才高兴起来。

王戎十分富有,"既贵且富,区宅、僮牧、膏田水碓之属,洛下无比。"但吝啬成性的他却没有兴趣花钱,一心想钱生钱。家里种出了上好的李子,他便高价出售,但因为害怕别人用他的李子做种子栽培出好李子,就事先拿钻头把李子里面的核钻空,让它发不了芽。王戎还特别喜欢"与夫人烛下散筹算计"，就是说晚上与夫人灯下算小账，最为惬意。

还有一个更为过分的故事：

清代康熙年间，江宁巡抚汤斌被尊为"理学名臣"，一生以清苦的生活磨炼人格、坚守名节，他为人吝啬，十分出名。据文献记载，汤斌有一天心血来潮，查看家中账本，发现上面支出了一颗鸡蛋，顿时大怒："我来到苏州这么久，还从来没有吃过鸡蛋，到底是谁买的？"下人回答说是公子。他便把儿子招来，罚跪在庭下，数落道："你以为苏州的鸡蛋与河南是一样的价钱？你想吃鸡蛋，就回河南老家去！"这等悭吝，传为笑柄。

悭吝的事请让人看起来很可笑，很可恶，但是在实际生活中是很常见的人格缺陷。所以很多家教家训中，都把悭吝作为反面的例子来教育子孙后代，颜之推就在家训中讲了这样一件事：

> 南阳有人，为生奥博，性殊俭吝。冬至后女婿谒之，乃设一铜瓯酒，数脔獐肉，婿恨其单率，一举尽之，主人愕然，俯仰命益，如此者再，退而责其女曰："某郎好酒，故汝常贫。"及其死后，诸子争财，兄遂杀弟。

故事是说：

在南阳有个人，多年搜罗财物，收藏在家里，但本性是个吝啬鬼。有一次过冬至，女婿来看他，他只给女婿准备了一小罐酒，还有几块獐子肉。女婿心想这太少了，没几口就吃尽喝光了。这个人很吃惊，只好勉强应付添上一点，这样添过几次，脸上挂不住了，便回头责怪女儿说："你丈夫太能喝酒，才弄得你一直贫穷。"后来，等到他死后，几个儿子为争夺家产，竟然发生了哥哥杀害弟弟的惨剧。

可见，勤俭是人的美德，但是过了头，难免让人厌恶，成为美德的反面教材。

第十章

诚信篇

人而无信，不知其可也。——孔子

1. 言而有信

言而有信即说话靠得住，有信用。语出《论语·学而》："与朋友交，言而有信。"意思是：与人交朋友，说出来的话必须靠得住。可以说有关诚信的言论，古往今来是最多的。所有的仁人君子不仅把它作为自己的立身修德、为人处世的准则，也把它当成教育子孙后代的圭臬。

孔子还说过很多有关"诚信"的话，如："言必诚信，行必忠正"。意思是：讲话一定要虔诚可信，行为必须要忠心端正。

还有"民无信不立"，意思是：百姓如果对国家缺乏信任，这个国家就不稳定。

还有"言必信，行必果"，意思是：说到一定做到，做事一定要有结果。

还有"人而无信，不知其可也"，意思是：一个人不讲信用，真不知道怎么能立身于社会。

历代许多先贤都对诚信发表过高论。

孟子说："诚者，天之道也；思诚者，人之道也。"意思是说：虔诚，是天道。虔诚的精神，是人道。

墨子说："言不信者，行不果。"意思是说：说话不负责任的人，做事情也不会有结果。

韩非子说："小信诚则大信立。"意思是说：做小事讲诚信，就能树立起很大的信用。

管子说："信不足，安有信。"意思是说：对人不诚信，就得不到别人的信任。

司马光说："丈夫一言许人，千金不易。"意思是说：大丈夫承诺了别人，给再多的钱也不能交换。

与言而有信大同小异的词语也不胜枚举：一言九鼎、一诺千金、一言既出驷马难追、言出必行，等等。

司马迁《史记·季布栾布列传》记载：

秦末汉初有个叫季布的人，一向说话算数，从不失信于人，民间流传着一句话："得黄金百斤，不如季布一个诺言。"

当初，季布曾为项羽打过仗。刘邦得天下后，就下令谁能将季布送到官府，就赏一千两黄金。季布经过化装，到山东一家姓朱的人家当佣工。朱家明知他是季布，仍收留了他。后来，朱家又到洛阳去找刘邦的老朋友汝阴侯夏侯婴说情。

汝阴侯对刘邦说："以前季布为项羽打仗，这是他作为项羽部下应尽的责任。现在陛下为了从前的仇恨捉拿季布，器量未免显得太小了。假使季布心生畏惧而投奔他国，这不是给陛下增添了麻烦吗？倒不如把他召进宫来，委以官职。"刘邦觉得有理，马上派人将季布召进宫来，任命他为郎中。

季布感念刘邦的恩德，为汉朝做了许多大事。到了汉文帝时，季布已经是朝廷里举足轻重的大臣了，仍喜欢广交朋友，豪爽正直的性格依然未变。

一次，有个叫曹丘生的人很想见季布。季布因此人平时喜好巴结权贵，不想见他。后来，曹丘生通过别的途径见到了季布。他对季布说："我听楚国人说过：'得黄金百斤，不如得季布一个诺言'。您有这样的好名声，还不是靠您的老乡楚人替您传扬。我也是楚人，为什么您要瞧不起我呢？"

季布听了这一番话，心里的气消了一大半。他把曹丘生留在家里住了几天，诚恳地指出曹丘生的毛病，曹丘生也虚心地接受了劝告。后来曹丘生又到处为季布传扬，季布的名声也就越来越大了。

这就是一诺千金的来历。还有一个退避三舍的故事，与一诺千金异曲同工。这就是《左传》中记载的重耳关于诚信的故事：

晋公子重耳因蒙难而流亡他乡，当时很多诸侯国不接纳他。有一次，到了楚国，楚国热情地招待了他，楚国君王问重耳说："如果你以后做了晋国国君，将如何报答我？"

重耳说："珍珠美玉，你都不缺，我不会有更稀罕的东西送给你，不过托你美意，以后我如果做了国君，假若我们在战场上相遇，我便以退避三舍（三十里为一舍）作为回报！"后来，重耳果然作了晋国国君，成了显赫一时的晋文公。

五年之后，晋国果然与楚国在战场上相遇，晋文公确实实践了自己的诺言，退避近百里以报楚国招待之恩。

元末明初的文学家、政治家刘基写过一本笔记叫《郁离子》，当中记载了一个因失信而丧生的故事：

有个商人过河时船沉了，他抓住一根麻秆大声呼救。有个渔夫闻声而来。商人大喊："我是济阳最大的富翁，你若救我，给你一百两金子。"可是，被救上岸后，商人就赖账了。他只给渔夫十两金子。渔夫责怪他言而无信，出尔反尔。富翁说："你一个打鱼的，一生都挣不了几个钱，偶然得了十两金子还不满足吗？"渔夫只得怏怏而去。谁知道后来那富翁又一次在原地翻船了。有人想要救他，那个曾被他骗过的渔夫说："他就是那个说话不算数的人！"于是商人被淹死了。

商人两次翻船而遇同一渔夫是偶然的，但商人的下场却在意料之中。因为一个人如果不守信用，就会失去别人对他的信任。失信于人者，一旦遭难，只能坐以待毙。

历史上以诚信立德的家教美谈有很多，北宋大词人晏殊的故事便是一个。

晏殊小时候聪明过人，被称为"神童"。有一天，老师以前的一个学生奉旨来巡视，老先生就向学生推荐晏殊，说这孩子学识超人，必能成大器。巡视官就让晏殊当场作诗，晏殊扫了一眼满园春色，便提笔作了一首词，在场的人无不称赞。

这位学生官员回到京城，向皇帝禀报了此事，宋真宗正准备招揽各种人才，听说晏殊熟读诗书，又会作词，便让晏殊来参加科考。考场里晏殊年龄最小，大家都很惊讶。晏殊打开试卷，发现试卷上的题和巡视的官员给他出的题是一样的，不禁窃喜。但这时，他想起父亲和先生的教诲："要诚实做人，诚实唯立身之根本。"

晏殊立刻提笔在试卷上说明了情况，并请求皇上重新出题考试。他把试卷交给了监考官就离开了考场。

宋真宗知道后，为晏殊的诚实所感动，亲自给晏殊出了考题。真宗看到晏殊的卷子，大为赞赏，当即封晏殊为少年进士。

君子之德，在于修身。晏殊身上体现出的严谨诚实，是与良好家风家教息息相关的。

所以，《钱氏家训》说："信交朋友，惠普乡邻。"意思是：用诚信结交朋友，把恩惠遍及乡邻。

2. 以诚相待

以诚相待就是用诚恳的态度去对待别人。

宋代大儒程颐说："以诚感人者，人亦诚而应。"意思是：用真诚打动人的，别人也会用真诚回报他。

明代清官薛瑄说："惟诚可以破天下之伪，惟实可以破天下之虚。"意思是：只有真实和真心可以识破天下的虚与伪。

管鲍以诚相待，共同辅佐齐桓公称霸天下的故事流传古今。据《史记》记载：

> 管仲夷吾者，颍上人也。少时常与鲍叔牙游，鲍叔知其贤。管仲贫困，常欺鲍叔，鲍叔终善遇之，不以为言。已而鲍叔事齐公子小白，管仲事公子纠。及小白立为桓公，公子纠死，管仲囚焉。鲍叔遂进管仲。管仲既用，任政于齐，齐桓公以霸，九合诸侯，一匡天下，管仲之谋也。
>
> 管仲曰："吾始困时，尝与鲍叔贾，分财利多自与，鲍叔不以为贪，知我贫也。吾尝为鲍叔谋事而更穷困，鲍叔不以我为愚，知时有利不利也。吾尝三仕三见逐于君，鲍叔不以我为不肖，知我不遭时也。吾尝三战三走，鲍叔不以我为怯，知我有老

母也。公子纠败，召忽死之，吾幽囚受辱，鲍叔不以我为无耻，知我不羞小节而耻功名不显于天下也。生我者父母，知我者鲍子也。"鲍叔既进管仲，以身下之。子孙世禄於齐，有封邑者十馀世，常为名大夫。天下不多管仲之贤，而多鲍叔能知人也。

这个故事说：

管仲年轻时曾与鲍叔牙交往，鲍叔牙知道他很有才能。管仲生活贫困，常常占鲍叔牙的便宜，但鲍叔牙始终对他很好，不把这种事对外人说。后来鲍叔牙侍奉齐国的公子小白，管仲侍奉公子纠。等到小白立为齐桓公，公子纠被杀，管仲也被囚禁起来。鲍叔牙于是向桓公推荐管仲。管仲被任用以后，执掌齐国的政事，齐桓公的霸业得以成功，联合诸侯，一统天下，都是采纳了管仲的计谋。

管仲说："我当初不得志，曾经和鲍叔牙一起做买卖，分利的时候自己经常多拿一些，但鲍叔牙并不认为我贪财，知道我是由于生活贫困的缘故。我曾经为鲍叔牙办差，结果总是把事情办砸，但鲍叔牙并不认为我愚蠢，知道这是由于时机不利。我曾经多次做官，每次都被君主免职，但鲍叔牙并不认为我没有才干，知道我是由于没有遇到好时运。我曾多次参加战斗，多次都战败逃跑，但鲍叔牙并不认为我胆小，知道这是我家有老母的缘故。公子纠失败，召忽为他而死，我被囚禁备受屈辱，但鲍叔牙并不认为我不知羞耻，知道我不拘小节，而以未建功立业为羞耻。生我的是父母，了解我的却是鲍叔牙啊！"鲍叔牙在推荐管仲辅佐齐桓公之后，甘愿身居管仲之下。鲍叔牙的子孙世代都在齐国享受俸禄，十几代人都得到了封地，大都成为有名的大夫。天下的人们并不觉得管仲是贤才，而是称颂鲍叔牙慧眼识人，以诚相待。

以诚相待是一种美德，大家都很好接受。但是在现实生活中，是不是真的以诚相待，容易让人分辨不清。如何辨识真需要火眼金睛。《颜氏家训》中，颜之推为了训诫子孙，就举了好几个看似以诚相待、实则虚伪的例子，其中有一个说：

> 邺下有一少年，出为襄国令，颇自勉笃。公事经怀，每加抚恤，以求声誉。凡遣兵役，握手送离，或赍梨枣饼饵，人人赠别，云："上命相烦，情所不忍；道路饥渴，以此见思。"民庶称之，不容于口。及迁为泗州别驾，此费日广，不可常周，一有伪情，触涂难继，功绩遂损败矣。

故事说的是：

河北临漳有个少年，出任襄国县令，勤勉敬业。即使是公事，经他的手办理，也常常给予抚慰和体恤，以此来谋求声誉。每当派遣兵差，都要握手相送，有时还拿出梨枣糕饼，给每个人赠别，说："上边有命令要麻烦你们，我感情上实在不忍，路上饥渴，送些点心以表思念。"民众对他的称赞，不是一句两句就能说得完的。后来他升官任泗州别驾官时，这种费用一天天增多，就出现了经常办不到原来抚慰下人的情况。可见，一碰到难处就无法坚持下去，说明他原本的行为都是虚假的，原先的好声誉也随之而失去了。

这个家教故事告诉后人两点：一是在以诚相待的问题上，很容易出现名不副实的情况，在没有得到声誉和利益时，诚恳待人、谨慎做人，一旦达到了目的，就变了脸。好的名声来不得半点虚情假意。二是教育子孙要坚守诚信。"巧伪不如拙诚"，耍小心眼的事情千万不要想，"一伪丧百诚"，说的就是这个道理。

康熙皇帝在《庭训格言》中说："纤细之伪日久自败。"意思是说：如果不能做到以诚相待，即使很小的虚伪，早晚都会破败。

> 训曰：凡事暂时易，久则难，故凡人有说奇异事者，朕则曰："且待日久再看。"朕自八岁登极，理万机五十余年，何事未经？虚诈之徒一时所行之事，日后丑态毕露者甚多。此等纤细之伪，朕亦不即宣出，日久令自败露。一时之诈，实无益也。

大意是说：

所有的事情，维持很短暂的时间比较容易，维持长久的时间就很难，所以凡是遇见告诉我奇人异事的，我总是说："别着急，看看再说吧。"我从八岁当皇帝，日理万机五十多年，什么事没经历过？忽悠人的小伎俩一时没露破绽，时间一长，丑恶嘴脸暴露无遗的事情比比皆是。此等小伎，我一看便知，只是不马上拆穿他罢了，日子一长，让他自己败露就好。所以说：靠一时忽悠人的小伎俩，毫无价值。

其实，以诚相待是相互的，正如程颐所言："以诚感人者，人亦诚而应。"所以古今圣贤君子，无不修身养德在先，以诚相待、以心换心。

3. 言行一致

言行一致就是说到做到。孔子说："言必信，行必果。"意思是：说到一定做到，做事一定要有结果。

司马迁在《史记·商君列传》中讲了一个"立木为信"的故事：

> 令既具，未布，恐民之不信已，乃立三丈之木于国都市之南门，募民有能徙置北门者予十金。民怪之，莫敢徙。复曰："能徙者予五十金。"有一人徙之，辄予五十金，以明不欺。卒下令。于是太子犯法。卫鞅曰："法之不行，自上犯之。"太子，君嗣也，不可施刑。刑其傅公子虔，黥其师公孙贾。明日，秦人皆趋令。行之十年，秦民大说，道不拾遗，山无盗贼，家给人足。民勇于公战，怯于私斗，乡邑大治。

故事是说：

秦国变法之初，商鞅把变法的条令准备就绪，担心老百姓不相信自己，便在国都集市的南门，竖起一根三丈高的木头。并发出告示，谁把木头扛到北门就赏二百两银子，百姓都在观望，没人去扛。于是，商鞅又说："愿意扛木头的人赏一千两银子。"有个人扛了木头，商鞅就给了他一千两银子，以表明言而有信、说到做到。然后颁布了法令。这时太子也触犯了法律。商鞅说："新法不能顺利施行，原因就在于上层人士带头违犯。"太子是国君的继承人，不能施以刑罚，就把他的老师公子虔处死。给另一个老师公孙贾脸上刺字，以示惩戒。第二天，秦国人听说此事，都遵从了法令。新法施行十年，秦国出现夜不闭户、路不拾遗的太平景象，百姓勇于为国作战，不敢私斗，城乡都得到了治理，秦国走上了强盛之路。

可见，韩非子所说："小信诚则大信立。"非常在理。

大书法家王羲之的《琅琊王氏家训》中说：

> 夫言行可覆，信之至也；推美引过，德之至
> 也；扬名显亲，孝之至也；兄弟怡怡，宗族欣欣，
> 悌之至也；临财莫过乎让。此五者，立身之本。

意思是说：

言行一致，是诚信的最高境界；把美名推让给别人，自己承担过失，是品德的最高境界；传播好的名声使亲人显赫，是孝的最高境界；兄弟和睦，宗族兴盛，是兄弟之间敬爱的最好表现；在财物面前没有比谦让更好的了。这五条，是立身的根本。

《琅琊王氏家训》把言行一致、说到做到放在第一条，可见对诚信的重视。

颜之推在家训中，讲了一种言行不一的社会现象：

> 吾见世人，清名登而金贝入，信誉显而然诺
> 亏，不知后之矛戟，毁前之干橹也！虞子贱云：
> "诚于此者形于彼。"人之虚实真伪在乎心，无不
> 见乎迹，但察之未熟耳。一为察之所鉴，巧伪不如
> 拙诚，承之以羞大矣。伯石让卿，王莽辞政，当于
> 尔时，自以巧密；后人书之，留传万代，可为骨寒
> 毛竖也。

意思是说：

我见到世上的人，好名声一旦传扬，即开始暗地里敛财，好的信誉昭然世上，树立声誉时的信誓旦旦就开始不再遵守。就真不知道是用后来做丑事的矛，在戳以前争声誉时的盾啊！虙子贱说过："在这件事上做得真诚，就给另一件事树立了榜样。"人的虚伪或诚实，真心或假意，其实就在内心，但没有不在行动上表现出来的，只是观察得仔不仔细罢了。一旦观察得真切，那种灵巧的虚伪还不如稚拙的诚实，接下来会招致更大的羞辱。春秋的伯石三次推让卿位，西汉的王莽反复辞谢相权，在当时自以为既机巧又缜密，可是被后人记载下来，留传万世，就叫人看了毛骨悚然。

康熙皇帝强调，讲诚信的人应该"诚而有信不欺暗室"。《庭训格言》曰：

> 《大学》《中庸》俱以慎独为训，是为圣第一要节。后人广其说，曰："不欺暗室。"所谓暗室有二义焉：一在私居独处之时，一在心曲隐微之地。夫私居独处，则人不及见；心曲隐微，则人不及知。惟君子谓此时，指视必严也，战战栗栗，兢兢业业，不动而敬，不言而信，斯诚不愧于屋漏，而为正人也夫！

意思是说：

《大学》《中庸》都把一人独处时也能谨慎不苟作为训诫，这是历代圣贤最重要的节操。后人把这种节操引申开去，解释为"不欺暗室"，也就是在别人见不到的地方，也不做见不得人的事。所谓暗室有两层含义：一是指在一个人独处的时候；一是指人内心隐秘之处。当一个人独处时，别人就看不到他的言行举止；内心隐秘之处，别人就很难了解和看清楚。只有那些有德行的君子认识到，在这种时候，尤其要严格检点自己的言行和思想，恭敬而谨慎，时刻告诫自己，不僭越规矩和礼法；即使任何事都不做，也要保持恭敬的状态；即使什么也不说，也必须保持诚信的心理；这才真正是不欺暗室的正人君子！

康熙皇帝在庭训中讲"慎独"，就是在没有别人在场和监督的时候，不仅能够严格要求自己，不做违背道德的事，更是要在内心深处对"不做违背道德的事"充满着真诚和笃信，不能表里不一。南宋陆九渊说："慎独即不自欺。"说的是"慎独"主要是面对自己，是与自己内心的善与恶的无形搏斗。老子言："胜人者有力，自胜者强。"能自胜，才称得上强大；内心强大，才是真正的强大。

所以曾国藩说："慎独则心里平静。"人假如没有可以愧疚的事，面对天地便神色泰然，这样的心情是愉快平和的，这是人生第一自强之道，是最好的药方，修身养性的第一件大事。

4. 自任其过

自任其过，语出《庭训格言》，意思是自己主动承认错误，承担后果。从诚信的角度说，这不仅需要超常的虔诚、过人的勇气，还有非凡的自谦，以上三德，缺一不可。首先是能认识到自己的错误，这对于大多数人来说并不难。其次是能够主动承认、承担，这就难了，这是"自任其过"的关键。三是知错就改，这也需要勇气毅力。在现实生活中，很多人明知事情已经做错，碍于面子和自尊心，不承认、不担当、不道歉，或到处找客观原因，或想方设法"甩锅"，在错误的道路上任性远行。这种人既无良，又无耻，还无赖。

有一个苏东坡向王安石认错的文坛掌故：

有一天，苏东坡拜见当朝宰相王安石。相府仆人把他领进王安石的书房，说是宰相大人外出办事，马上回来，请苏学士用茶稍候。等了一会，主人还不回来，苏东坡便信步走到书桌旁，见桌上摊着一首咏菊诗。诗只写了两句："昨夜西风过园林，吹落黄花满地金。"

苏东坡看了，心里不由暗暗好笑："西风"明明是秋风，"黄花"就是菊花，而菊花从来就是顶风傲霜，最能耐寒，说西风"吹落黄花满地金"，岂不是大错特错了？想到这里，苏东坡诗兴大发，就提笔蘸墨，信手续写了两句："秋花不比春花落，说与诗人仔细吟。"

苏东坡又待了一会，见主人还不回来，便起身回去了。王安石回家后，见到了苏东坡的那两句诗，只是摇了摇头。

后来苏东坡被贬到黄州去当团练副使。到了九九重阳，连续刮了几天大风。风停后，苏东坡邀请了几个好友到郊外赏菊。只见菊园中落英缤纷，满地铺金，一派西风萧瑟的景象。这时，苏东坡猛然想起了给王安石续诗的事情来，不禁沉思起来。他恍然悔悟到自己过去闹了笑话，连忙提笔给王安石写信认错。

陈寿《三国志·诸葛亮传》中，有一段失街亭后作为三军统帅的诸葛亮"自任其过"的记载，令人感动：

> 魏明帝西镇长安，命张郃拒亮，亮使马谡督诸
> 军在前，与郃战于街亭。谡违亮节度，举动失宜，
> 大为张郃所破。亮拔西县千余家，还于汉中，戮谡
> 以谢众。上疏曰："臣以弱才，叨窃非据，亲秉旄
> 钺以历三军，不能训章明法，临事而惧，至有街亭
> 违命之阙，箕谷不戒之失，咎皆在臣授任无方。臣
> 明不知人，恤事多暗，《春秋》责帅，臣职是当。
> 请自贬三等，以督厥咎。"于是以亮为右将军，行
> 丞相事，所总统如前。

这段记载说的是：

魏明帝西迁坐镇长安，命令张郃迎战诸葛亮。诸葛亮派马谡打先锋。马谡违背诸葛亮的要求和规定，用兵失当，被张郃打得大败。诸葛亮攻陷西县千家，率军回到汉中，斩杀马谡以谢三军。主动上奏疏说："臣凭着微弱的才能，窃居着不该占据的高位，亲率军队，掌握生杀大权，总是严格地训练三军。但是因为不能很好地宣示军令，训明法度，临事小心谨慎，以至于马谡在街亭违背军令，作战失败；箕谷战役，警戒失误。所有的错都是因为我选人任官不当而造成的。臣的见识不能了解人才的优劣，考虑事情不够聪明，《春秋》经书说过：军队战败该负责的是主帅，臣下的职位正应该担此罪责。我自请降职三等，来惩罚我的过失。"刘后主于是就贬诸葛亮为右将军并代理丞相的职责，所总领的职务和从前一样。

康熙皇帝认为"自任其过"是一种"尚德之行"，《庭训格言》训曰：

凡人孰能无过？但人有过，多不自任为过。朕则不然。于闲言中偶有遗忘而误怪他人者，必自任其过，而曰："此朕之误也。"惟其如此，使令人等竟至为所感动而自觉不安者有之。大凡能自任过者，大人居多也。

大意是说：

凡是人，谁能不犯错误？只是人们犯了错误，大多不愿承担或承认自己所犯的错误。我就不这样。平常和人闲谈偶然也有因为自己没记清楚而错怪他人的事情发生，我一定会主动认错，并且坦白说："这是我的过错啊！"正因为这样，竟让别人被我的坦诚所感动而觉得不好意思。大抵能够自己认错并能主动承担责任的人，多为德行高尚的人。

康熙以自己的人生经验为例告诉子孙，发现自己的错误并不难，但能够坦诚地面对它、勇敢地改正它，却不是每个人都能做到的。犯了错误并不可怕，可怕的是知道自己犯了错误，还死要面子自欺欺人，这是一种胆怯、缺乏修养的表现。如果再知错不改，继续任性，那他离毁灭就不远了。

5. 尽职尽责

尽职尽责说的是"在其位，谋其政"，尽心尽力，忠于职守。这也是诚信美德在职业上的操守，不讲诚信的人，不会尽职，更难于尽责。所以，孔子说："人而无信，不知其可也。"意思是：一个人不讲信用，真不知道怎么能立身于社会。

在这方面最为人称颂的当属诸葛亮。他在《出师表》里说：

臣下本来是个平民百姓，在南阳耕田为生，只求在乱世中能保全生命，没想过谋求高官厚禄和显赫名声。先帝不因臣下低贱和浅薄，不惜降低身份而三次来到臣下的茅屋，探讨天下大事。臣下为之感动，就答应为先帝效力。后来战事失败，臣下又接受了挽救危局的重任，到现在已有二十一年了！先帝知道臣下处事谨慎，所以在临死时把辅助陛下恢复汉室的大业托付给臣下。

接受先帝遗命以来，日夜担心叹息，唯恐先帝所托之事无所成就，从而有损先帝明于鉴察的声名；所以臣下在炎热的五月渡过泸水，深入到不毛之地。现在南方已平定，兵员装备已充足，该带领三军，北进克复中原。也许可以竭尽绵薄之力，扫除凶狠的奸贼，光复汉家江山，使长安、洛阳仍旧成为大汉的帝都。这是臣下报答先帝、效忠陛下的职责。至于权衡得失，向陛下进忠言，那是郭攸之、费祎、董允他们的责任了。

希望陛下把讨伐曹魏，兴复汉室的大事交付给臣下，如果无所成就，就治臣下的罪，来禀告先帝在天之灵。

这是一封倾诉衷肠的奏表，意之诚、言之恳、情之切，令人动容。陈寿在《三国志·诸葛亮传》评价他说：

诸葛亮之为相国也，抚百姓，示仪轨，约官职，从权制，开诚心，布公道；尽忠益时者，虽仇必赏，犯法怠慢者，虽亲必罚，服罪输情者，虽重必释，游辞巧饰者，虽轻必戮；善无微而不赏，恶无纤而不贬；庶事精炼，物理其本，循名责实，虚

伪不齿；终于邦域之内，咸畏而爱之，刑政虽峻而
无怨者，以其用心平而劝戒明也。可谓识治之良
才，管、萧之亚匹矣。然连年动众，未能成功，盖
应变将略，非其所长欤！

大意是说：

诸葛亮担任宰相的时候，抚恤百姓、明确法规、精简官职、权
事制宜、诚心待人、公正无私。凡是尽忠职守、有益时事的人，即
使是仇人，也必定奖赏。凡是违犯法令、懈怠傲慢的人，即使是亲
戚，也必定处罚。坦诚认罪、交代实情的人，即使犯了重罪，也必
定原谅。说话浮夸、巧辩文过的人，即使只是犯了轻罪，也必定重
罚。无论多么微小的善行，没有不奖赏的；无论多么细小的恶行，
没有不贬斥的。处理政务精明干练，管理事情抓住根本。依照官职
来要求他尽职尽责，对于虚伪造假的人不予录用。最后全国的百姓
都尊敬他、爱戴他；刑法政令虽然严厉，却没有人怨恨他，因为他
用心公平而且劝戒清楚。他真可以称得上是懂得治国理政的英才，
是能够和管仲、萧何比肩的人物。然而他连年兴师动众，都未能成
功，大概随机应变，施展将才，并非他擅长的吧。

诸葛亮正是诚可敬、信可用、才可嘉的古今贤士。

曾国藩也称得上是尽职尽责的官场模范，他经常在家书中谈及
为国家办事的笃诚之心，令人感佩。在一次写给父母的信中说道：
"现在衙门诸事，男俱已熟悉，各司官于男皆甚佩服，上下水乳俱
融，同寅亦极协和。男虽终身在礼部衙门，为国家办照例之事，不
苟不懈，尽就条理，亦所深愿也。"意思是说：现在衙门的事，儿
子都熟悉了。属下各个部门官员对儿子都很佩服，上下水乳交融，

同龄人之间也很和谐。儿子虽终身在礼部衙门，为国家办照例之事，丝毫不敢马虎松懈，一概按规矩办理，也是我发自内心的愿望。

笃诚勤恳、尽职尽责，这些都是我辈职场中人应有的素质。

第十一章

和睦篇

《论语》：「礼之用，和为贵。先王之道，斯为美，大小由之。有所不行，知和而和，不以礼节之，亦不可行也。」

1. 和睦友善

和睦与友善意思相同，放在一起"互文见义"。和睦一词语出《左传》"上下和睦，周旋不逆"。意思是：君臣友好，相处融洽。

《后汉书·杜诗传》："陛下起兵十有三年，将帅和睦，士卒凫藻。"意思是说：陛下起兵已经十三年了，将帅友好，士兵欢悦。

陈子昂《座右铭》："兄弟敦和睦，朋友笃信诚。"意思是说：兄弟之间讲究和善和友好，朋友之间注重真心和信用。

以上几句话都是一个意思：和睦相处，融洽友好，善待对方，不争不吵。

从古至今，和睦友善的记载很多，最典型的是"睦邻"故事，像"昭君出塞""文成公主嫁给松赞干布"等，而在中国历史上，第一个为国家睦邻和亲的是刘细君，她是丝绸之路上第一个远嫁西域的公主。

西汉武帝时期，为了彻底击败西北边塞的匈奴，张骞建议用厚赂招引乌孙，同时下嫁公主，与乌孙结为兄弟，这样就可"断匈奴右臂"，共同夹击匈奴。于是，就有了中国历史上第一位和亲公主刘细君。

　　乌孙国见汉朝军威远播，财力雄厚，就派遣使

节"以马千匹"为礼，媒聘汉家公主，汉武帝选定
江都王刘建之女刘细君为公主出嫁乌孙王猎骄靡。

作为汉朝公主，刘细君深知自己的使命重大，关系着汉朝边疆的安宁，于是"自治宫室居，岁时一再与昆莫会，置酒饮食，以币帛赐王左右贵人"。用汉武帝所赐丰厚妆奁与礼物，广泛交游，上下疏通，使两家从此睦邻友好。

细君公主到达乌孙后，曾建造了宫室，每隔一年汉朝还派使臣带着帷帐锦绣等前往探视。作为汉朝与乌孙的第一个友好使者，她使乌孙与汉朝建立了巩固的军事联盟，达到了联合乌孙、遏制匈奴的目的。

除了睦邻和亲故事之外，关于友善的记载也很多。最典型的是《史记·廉颇蔺相如列传》中，有一段"将相和"的记载：

> 既罢归国，以相如功大，拜为上卿，位在廉颇之右。廉颇曰："我为赵将，有攻城野战之大功，而蔺相如徒以口舌为劳，而位居我上，且相如素贱人，吾羞，不忍为之下。"宣言曰："我见相如，必辱之。"相如闻，不肯与会。相如每朝时，常称病，不欲与廉颇争列。已而相如出，望见廉颇，相如引车避匿。於是舍人相与谏曰："臣所以去亲戚而事君者，徒慕君之高义也。今君与廉颇同列，廉君宣恶言而君畏匿之，恐惧殊甚，且庸人尚羞之，况於将相乎！臣等不肖，请辞去。"蔺相如固止之，曰："公之视廉将军孰与秦王？"曰："不若也。"相如曰："夫以秦王之威，而相如廷叱之，

辱其群臣，相如虽驽，独畏廉将军哉？顾吾念之，强秦之所以不敢加兵於赵者，徒以吾两人在也。今两虎共斗，其势不俱生。吾所以为此者，以先国家之急而后私雠也。"廉颇闻之，肉袒负荆。因宾客至蔺相如门谢罪。曰："鄙贱之人，不知将军宽之至此也。"卒相与驩，为刎颈之交。

这个故事说的是：

战国七雄的时候，就数秦国最强大。秦国常常欺侮赵国。有一次，赵王派一个大臣的门人蔺相如到秦国去交涉。蔺相如凭着机智和勇敢，给赵国争得了不少面子。秦王见赵国有这样的人才，就不敢再小看赵国了。赵王看蔺相如这么能干，就封他为宰相。

赵王这么看重蔺相如，可气坏了赵国的大将军廉颇。他想：我为赵国拼命打仗，功劳难道不如蔺相如吗？蔺相如光凭一张嘴，有什么了不起，地位倒比我还高！他越想越不服气，怒气冲冲地说："我要是碰着蔺相如，要当面叫他下不来台，看他能把我怎么样！"

廉颇的这些话传到了蔺相如耳朵里。蔺相如立刻吩咐他手下的人，叫他们以后碰着廉颇手下的人，千万要让着点儿，不要和他们争吵。他自己坐车出门，只要听说廉颇从前面来了，就叫马车夫把车子赶到小巷子里，等廉颇过去了再走。

廉颇手下的人，更加得意忘形了，见了蔺相如手下的人，就嘲笑他们。蔺相如手下的人受不了这个气，就跟蔺相如说："您的地位比廉将军高，他骂您，您反而躲着他、让着他，他越发不把您放在眼里啦！这么下去，我们可受不了。"

蔺相如心平气和地问他们："廉将军跟秦王相比，哪一个厉害呢？"大伙儿说："那当然是秦王厉害。"蔺相如说："我见了秦王都不怕，难道还怕廉将军吗？要知道，秦国现在不敢来打赵国，就是因为赵国文官武将一条心。我们两人好比是两只老虎，两只老虎要是打起架来，不免有一只要受伤，甚至死掉，这就给秦国制造了进攻赵国的好机会。你们想想，国家的安危要紧，还是我的面子要紧？"

蔺相如手下的人听了这一番话，非常感动，以后看见廉颇手下的人，都小心谨慎，总是让着他们。

蔺相如的这番话，后来传到了廉颇的耳朵里。廉颇惭愧极了。他脱掉衣服，露着肩膀，背了一根荆条，直奔蔺相如家。蔺相如连忙出来迎接廉颇。廉颇对着蔺相如跪了下来，双手捧着荆条，请蔺相如鞭打自己。蔺相如把荆条扔在地上，急忙用双手扶起廉颇，给他穿好衣服，拉着他的手请他坐下。

蔺相如和廉颇从此成了好朋友，秦国更不敢欺侮赵国了。"将相和"的故事传颂古今，大家都赞美廉蔺友善的美德。

司马光在《温公家训》中，训导子孙后辈要存和睦、重友善时，讲了一个刘氏的故事：

> 刘君良，瀛州乐寿人，累世同居，兄弟至四从，皆如同气。尺帛斗粟，相与共之。隋末，天下大饥，盗贼群起，君良妻欲其异居，乃密取庭树鸟雏交置巢中，于是群鸟大相与斗，举家怪之。妻乃说君良，曰："今天下大乱，争斗之秋，群鸟尚不能聚居，而况人乎？"君良以为然，遂相与析居。

月余，君良乃知其谋，夜揽妻发骂曰："破家贼，乃汝耶！"悉召兄弟哭而告之，立逐其妻，复聚居如初。乡里依之以避盗贼，号曰义成堡。宅有六院，共一厨。子弟数十人，皆以礼法。贞观六年，诏旌表其门。

这个故事用今天的话来讲就是：

在瀛州乐寿的地方，有一个叫刘君良的人，他们家老少几代都同居住在一个大家庭中，即使是远房的兄弟，也和同胞兄弟一样亲密和气。就是一尺布、一斗米，大家都是共同享用。隋朝末年，发生了大饥荒，强盗蜂起、贼寇遍地，刘君良的妻子想要分家居住。但是她不好意思开口，于是就想了一个办法，将庭院里一棵树上的两窝小鸟调换鸟巢放置。这样一来，两窝鸟就打了起来。刘君良一家人都觉得很奇怪，于是妻子就对刘君良说："现在天下大乱，到处都在争斗，连鸟都不能在一起安居，更何况人呢？"刘君良认为妻子说的对，就与兄弟们分开来生活。过了一个多月，刘君良明白了妻子原先的计谋，便在晚上揪住妻子的头发骂道："破家贼就是你！"他把兄弟们都招呼来，哭泣着把分家的真实原因告诉了大家，并立马将他的妻子休回家，众兄弟又像原来那样在一起过日子。乡亲们都依靠刘家人多势众，共同抵御盗贼。刘君良的大家庭被誉为"义成堡"。他们的住宅共有六个院落，但只有一个厨房。刘君良的子侄辈合起来有数十人之多，但都能以礼相待。贞观六年，唐太宗颁布诏令，旌表了刘家。

这个故事告诉人们，有没有和睦之心，行不行友善之道，处理同一件事情可以是截然相反的结果，刘君良和他妻子的两种做法就是最好的事例，所以司马光把这个故事放到自己的家训里了。

2. 包容为贵

讲和睦就离不开包容，管仲和鲍叔牙的"管鲍之交"，离不开鲍叔牙对管仲的理解和包容；廉颇和蔺相如的"将相和"，也离不开蔺相如对廉颇的包容。所以，包容是一种至高境界的友善。

相传以前有位老和尚，一晚在寺院里散步，见墙角边有一把凳子。他一看便知，有出家人违犯寺规，越墙出去溜达了。老和尚也不声张，走到墙边，移开凳子，就地而蹲。没一会儿，果真有一小和尚翻墙，黑暗中踩着老和尚的脊背跳进了院子。

当小和尚双脚一着地，才发觉刚才踩的不是凳子，而是自己的师父。顿时惊慌失措，不知该说什么才好。但小和尚没想到的是，师父并没有厉声责备他，只是平静地说："夜深天凉，快去多穿一件衣服。"

小和尚听到师父的话后，微微一愣，一脸的懊悔与惭愧，从此以后，小和尚再也不这样了。

这样的教育，充满了宽容和爱意，这才是最智慧的教育。

所以，古时候的仁人君子，总是在教育子孙，为人处世要多一些包容。《袁氏世范》就说过：处家多想别人长处。

> 慈父固多败子，子孝而父或不察。盖中人之性，遇强则避，遇弱则肆。父严而子知所畏，则不敢为非；父宽则子玩易，而恣其所行矣。子之不

肖，父多优容；子之愿悫，父或责备之无已。惟贤智之人即无此患。至于兄友而弟或不恭，弟恭而兄或不友；夫正而妇或不顺，妇顺而夫或不正，亦由此强即彼弱，此弱即彼强，积渐而致之。为人父者能以他人之不肖子喻己子，为人子者，能以他人之不贤父喻己父，则父慈爱而子愈孝，子孝而父亦慈，无偏胜之患矣。至如兄弟夫妇，亦各能以他人之不及者喻之，则何患不友、恭、正、顺者哉。

意思是说：

过于慈祥的父亲容易培养出败家子，儿子的孝顺有时却并不被父亲体悟得到。按人之常情来说，碰到强硬的事物就会躲避，遇见软弱的事物就会放肆。父亲严厉，儿子就知道畏惧，因此不敢胡作非为；父亲宽容，儿子对什么都不往心里去，因而放纵自己。对儿子的不肖，父亲不加管束；对儿子的谦诚，做父亲的却过于苛责。贤达睿智的人不会给自己惹祸上身。至于那些兄长友爱弟弟，弟弟却不敬重兄长的，弟弟尊敬兄长，兄长却不友爱弟弟的；丈夫正派，妻子却不柔顺，妻子柔顺而丈夫不正派的，也是由于一方太强了，另一方就很容易软弱；一方软弱，另一方就会示强，这是日积月累而形成的。做父亲的，如果能把人家的不肖子与自己的儿子相比较；反过来做儿子的，如果能把别人家不贤达的父亲与自己的父亲相比较，那么父亲就会更知道关爱儿子，儿子也会愈加孝顺体贴父亲，这样就避免了偏颇的隐患。至于兄弟、夫妇之间，如果都能将他人的缺点与自己亲人的优点去比较，那么还怕自己的亲人对自己不友爱、不恭敬、不正派、不柔顺吗？

在现实生活中，时常会有父亲慈祥儿子却不孝顺，哥哥友爱弟弟却不恭敬，妻子柔顺丈夫却不正派，或者也会出现与上面说的相反的情况。所以，父与子、兄与弟、夫与妻之间，都需要有包容之心。人世间所有的事情，很少有绝对的平衡，总需要有一方去包容对方，维持平衡。否则，大家针尖对麦芒，就无法实现和睦相处。可见，包容之心是和睦相处的前提。

3. 平等相待

平等的思想在中国古代远没有今天深入人心，也不如在西方文化中发达。究其原因，与中国封建社会长久以来形成的社会组织结构，以及在此基础上形成的社会观念直接相关。这并不是说古代的中国没有平等思想，但毕竟是一个更讲"礼"的社会，君臣、父子、夫妻、兄弟之间，一是有别，二是有差。长久的专制治理结构，也大大地泯灭了人们的平等意识。所以，从根本上说，中国古代社会，是一个不讲平等的社会。正因为此，那些不多的平等意识，便显得弥足珍贵。这些平等意识，主要存活于法律面前、教育之中、"下士"之时、诚信之际。像"天子犯法与庶民同罪"，所以，包拯斩了驸马。孔子的"有教无类"，是诚心诚意推行平等之道。为了推行新法，树立威信，商鞅可以城门立木，谁扛走就给谁一千金。尤其在"下士"这种情况中，人人平等的意识，显得更为强烈。

春秋时期齐国著名的政治家和外交家晏子，是有着强烈平等意识的人，《晏子春秋》中记载：

> 景公之时，雨雪三日而不霁，公被狐白之裘，
> 坐堂侧陛。晏子入见，立有间，公曰："怪哉！
> 雨雪三日而不寒。"晏子对曰："天不寒乎？"
> 公笑。晏子曰："婴闻之，古之贤君，饱而知人
> 之饥，温而知人之寒，逸而知人之劳，今君不知
> 也。"
>
> 公曰："善！寡人闻命矣。"乃命出裘发粟，
> 与饥寒。今所睹于途者，无问其乡；所睹于里者，
> 无问其家；循国计数，无言其名。士既事者兼月，
> 疾者兼岁。孔子闻之曰："晏子能明其所欲，景公
> 能行其所善也。"

意思是说：

景公在位时，一连下了三天雨雪，景公披着用狐狸肚皮下白毛皮缝制的皮衣，坐在大堂的台阶上。晏子进宫站了一会儿，景公说："奇怪啊！下了三天雪，可是天气不寒冷。"晏子回答说："天气真的不寒冷吗？"景公笑了。

晏子说："我听说古代贤明的君王，自己吃饱了而了解别人的饥饿，自己穿暖了能体会别人的寒冷，自己安逸了却知道别人的劳苦。现在您不这么认识问题了呢。"景公领悟了晏子的话，说："好！我愿意受您的教诲。"

于是，便命令官吏，发放皮衣和粮食给饥寒交迫的人。并要求在路上见到的难民，不必问他们是哪乡的；在胡同里见到的穷人，不必问他们是哪家的；全国统计，只记人数、不记姓名，给予救

済。发给已任职的士人两个月的粮食，发给病困的人两年的粮食。孔子听到这件事情后说：“晏子能阐明他的愿望，景公能实行他认识到的德政。”

孔子所说的“晏子的愿望”，就是一种平等仁爱的思想。

据史书记载，晏子有一次路过赵国时，遇到了一个叫越石父的奴隶，虽然衣衫褴褛，但是气质温文尔雅，举止彬彬有礼。晏子好奇地和他攀谈，发现他是个很有学识的人，便用一匹马将他从奴隶主手中赎出，带他回了齐国。

这两件事都能看出晏子确实是个讲平等、有爱心的政治家。

在中国古代家庭教育中，最具平等思想的当数郑板桥，他在给弟弟的信中，多次流露出这种意识。在《范县署中寄舍弟墨第四书》中写道：

> 将来须买田二百亩，予兄弟二人，各得百亩足矣，亦古者一夫受田百亩之义也。若再求多，便是占人产业，莫大罪过。天下无田无业者多矣，我独何人，贪求无厌，穷民将何所措足乎！或曰：“世上连阡越陌，数百顷有余者，子将奈何？”应之曰：“他自做他家事，我自做我家事，世道盛则一德遵王，风俗偷则不同为恶，亦板桥之家法也。”

意思是说：

将来需要买二百亩田，我兄弟二人各得一百亩就够了，这也是古代一个农夫受田一百亩的意思。如果再求多，就是侵占他人产业，那是很大的罪过。天下没有田地产业的人很多，我是什么人啊，如果贪多而不满足，那么穷人将如何生存呢？有人说：“在这世上，很多人的田产是阡陌相连，拥有田地数百顷还多，你奈他何？"我说："别人这么做是他家的事情，我只尽力做自家的事情，当世道昌盛时，大家一起遵守王法；若世风日下，民俗浮薄，也决不随着世俗同流合污。这也是板桥家法吧。"

在本书前面所举过的《潍县署中与舍弟墨第二书》中也体现了郑板桥为人处世的原则，他做官在外，两封家书都是教诲和嘱托，一是在对世风的认识上，板桥先生表现出戒贪守法、不与民争利的人生境界，崇尚清正、平等的独立品格，令人肃然起敬。二是提倡培养孩子笃诚厚道的品格，戒除刻薄急躁的毛病。强调引导小孩子养成平等仁爱精神，切忌因为父亲做官而傲视其他伙伴。能够摒弃富贵尊卑的等级观念，别说是在当时，就是在今天，也实在难能可贵。把"读书中举中进士做官"，视为"小事"，而将"明理，做个好人"当作第一要事，凸现出板桥平等仁爱的人生志趣。先生信中所体现出来的人本主义的思想，不仅与中华传统美德一脉相承，也与今天的社会主义核心价值观不谋而合。

第十二章
爱国篇

苟利国家生死以，岂因祸福避趋之。——林则徐

1. 家国情怀

所谓家国情怀，就是把对家的依恋，与对国的热爱融为一体，刻骨铭心、忠贞不渝。

两千一百多年前，汉武帝派遣苏武以中郎将的身份持节出使匈奴，结果被扣留。匈奴贵族多次威胁利诱，欲迫其投降，未能奏效。据《汉书·苏武传》记载：

> 律知武终不可胁，白单于。单于愈益欲降之。乃幽武，置大窖中，绝其饮食。天雨雪。武卧啮雪，与毡毛并咽之，数日不死。匈奴以为神，乃徙武北海上无人处，使牧羝。羝乳，乃得归。
>
> 别其官属常惠等，各置他所。武既至海上，廪食不至，掘野鼠去草实而食之。仗汉节牧羊，卧起操持，节旄尽落。武能网纺缴，檠弓弩，于靬王爱之，给其衣食。
>
> 三岁余，王病，赐武马畜、服匿、穹庐。王死后，人众徙去。其冬，丁令盗武牛羊，武复穷厄。

故事大意是说：

卫律知道，苏武终究不可能投降，就报告了单于。单于越发想要招降苏武，就把他囚禁在大地窖里，不给他喝的吃的。天降大雪，苏武趴在地上嚼雪，连同毡毛一起吞下充饥，几日不死。匈奴以为他是个神人，就把苏武迁徙到北海边上的无人区，让他放牧公羊，说等到公羊生了小羊才允许他归汉。同时，把他的部下及随从常惠等安置到别的地方。苏武到北海后，粮食运不到，只能掘取野鼠所储藏的野生果实来吃。他拄着汉王朝交给他的节杖牧羊，睡觉的时候都不离手，以致系在节杖上的牦牛尾毛全都掉光了。苏武会纺制系在箭尾的丝绳，矫正弓和弩，于靬王很器重他，供给苏武衣服和食品。

三年多过后，于靬王得病，赐给苏武马匹和牲畜、盛酒酪的瓦器、圆顶的毡帐篷。王死后，他的部下也都迁离。这年冬天，丁零部落（中国古代北方游牧部落）的人偷走了苏武的牛羊，苏武又陷入了穷困。

苏武历尽艰辛，被匈奴扣留十九年，保持爱国节操而不屈服，最终获释回到汉朝。他的家国情怀、爱国节操被后人千古传颂。

距苏武牧羊一千多年的宋朝，中国出了一个"位卑未敢忘忧国"的诗人陆游。他生逢北宋灭亡之际，少年时即深受家庭爱国思想的熏陶。步入仕途后，因坚持抗金，屡遭主和派排斥。后投身军旅，终身积极抗金，写下了大量的爱国诗篇。1210年与世长辞，留绝笔《示儿》：

死去元知万事空，但悲不见九州同。

王师北定中原日，家祭无忘告乃翁。

诗的大意是：

明知人死去就万事空虚，心感悲伤不能目睹国家统一。

当宋军有一天收复中原失地，举行家祭时别忘了告诉我大好消息！

此诗是陆游爱国诗中的名篇。作者一生致力于抗金，一直希望宋王朝能收复中原。虽然挫折不断，却仍然初衷不改。诗题是《示儿》，相当于遗嘱。浓烈的家国情怀跃然纸上，成为千百年来诗书传家的爱国教子经典。

2. 尽忠报国

尽忠报国语出《北史·颜之仪传》："公等备受朝恩，当尽忠报国。"意思是：你们受到朝廷优厚的恩典，理当竭尽忠心，报效国家。"岳母刺字"的传说，妇孺皆知，刺的就是"尽忠报国"四个字。据《宋史·岳飞传》记载：

桧遣使捕飞父子证张宪事，使者至，飞笑曰："皇天后土，可表此心。"初命何铸鞫之，飞裂裳以背示铸，有"尽忠报国"四大字，深入肤理。

史书上说的是：

秦桧派使臣逮捕岳飞父子，来查证张宪事件。使臣到来后，岳飞大笑说："天地鬼神，可以证明我的心迹。"当初，秦桧命令何铸审问岳飞，岳飞撕开衣裳，把后背给何铸看，有"尽忠报国"四个大字，深深地印入肌肤里。

后来秦桧又改命万俟卨审问岳飞。万俟卨制作假证、污蔑岳飞父子，最后秦桧亲手写了一张字条交给审判官，致岳飞被处死，年仅三十九岁。

当初，岳飞在监狱时，韩世忠去秦桧处查问实情。秦桧说："岳飞的儿子岳云给张宪的信件虽然没有确证，但是这些罪状或许有。"韩世忠说:"'或许有'三个字,凭什么让天下人信服呢?"金兵将帅听说岳飞被害的消息,喝酒相庆。

岳家几代人能如此忠心爱国,与岳家的家教家风有直接关系。岳母为鼓励岳飞英勇杀敌,亲自在儿子背上刺字"尽忠报国"的故事,家喻户晓。岳飞能成为抗金名将,名垂青史,离不开母亲的培养和教诲。他的母亲姚氏,是一位很有见识的妇女,看到岳飞从小就喜欢读兵书,研习《孙子兵法》和《吴起兵法》,还喜欢习武,非常高兴。她认为好男儿就应该文武双全,报效国家。因此,她不但鼓励岳飞读书练武,还经常对他进行忠贞爱国的教育。为了使儿子不忘初心,母亲亲手将"尽忠报国"四个字刺在儿子背上。这四个字,也深深地刺在岳飞的心上,成为岳飞唯一的志向和抱负。

岳飞不忘母亲给予自己的教诲,并传承给了自己的儿子,他对儿子的教育同样以尽忠报国为人生的奋斗目标。

在岳飞生活的南宋,朝廷实行一种"补官制",即向具有一定级别的官员子女赐予官位,岳飞当时统领十万大军,符合当时的规定。但是岳飞没有把这个待遇给自己的儿子,而是把这个官位送给了为国捐躯的爱国志士张所的儿子张宗本。他不想让自己的儿子无功受禄,想让他们自己去奋斗,凭借自己的能力去获取功名。

岳飞的大儿子岳云,十二岁时,岳飞就把他送进军营去锻炼,还要求军营将领张宪严格要求,从严管教。一次练习骑马时,岳云不慎从马上摔了下来,岳飞非常气愤,他认为岳云没有认真刻苦地训练,于是让士兵把岳云拉回军营,打了一百军棍作为惩罚。从此岳云训练更加认真刻苦。十六岁时,就可以手持八十斤重的铁锤冲锋陷阵。在金兵入侵、大敌当前的危险境遇中,每次遇到强敌,岳飞都让岳云带队冲上前线，而且告诫岳云："不获全胜，就先杀了你。"岳云也不负众望，每次都能凯旋。

按照当时朝廷的规定，官兵立下战功，可以上报朝廷领赏，但是岳飞为了避免岳云居功自傲，岳云的每一次战功都被岳飞给悄悄地隐瞒下来。岳飞认为，"君之驭臣，固不吝于厚赏，父之教子，岂可责以近功？"意思是说：父亲教育孩子，怎么可以去追求眼前的利益？

一次，岳云抵抗金兵，再一次立下大功，领兵将军张浚瞒着岳飞，直接上报朝廷请赏，因为岳云功绩卓著，皇帝下了一道"特旨"，给岳云特殊奖励，跨越三级，任命为武略大夫。而岳飞知道后，马上请求朝廷撤回任命。岳飞说："每次战役，都有很多士兵不顾生死，英勇杀敌，他们得到的奖赏也只是晋升一级，我的儿子应该更严格要求，怎么能直晋三级呢？对别的士兵来说不公正啊！"朝廷见岳飞态度诚恳，说得也有道理，就同意了岳飞的请求，只给岳云晋升一级，与其他官兵同等。

岳家的教子之法，给我们家庭教育留下了宝贵经验，当今几乎所有的家长都希望自己的孩子将来能够有所作为，因此不遗余力地给孩子创造一切条件，帮助孩子成长。但是许多教育目的、教育方法却令人担忧。多数家长希望孩子成为一条"龙"，但是究竟是一条什么样的"龙"，却模糊不清。家长忘记了最核心的东西，就是刚正的人格和爱国的情怀，这是孩子成就大业的基本素质，从理念上没有一个明确的目标，没有以国家为重的精神，那么孩子也很难成为一条真"龙"。所以，岳家的家教家风和教育孩子的理念，很值得今人学习。

3. 慷慨赴死

中国人一直以来就有为国家赴汤蹈火在所不辞的精神，司马迁说："常思奋不顾身，而殉国家之急。"曹植诗曰："捐躯赴国难，视死忽如归。"都是这个意思。

爱国志士文天祥从被俘到被杀，一共被囚禁了三年两个月。这段时间，元朝千方百计地对文天祥劝降、逼降、诱降，参与劝降的人物之多、威逼利诱的手段之毒、许诺的条件之优厚、等待的时间之长久，都超过了其他的宋臣。因此文天祥经受的考验之严峻，其意志之坚定，也是历代罕见的，他所作的《正气歌》中便可以体现文天祥誓死不屈的精神。据《宋史·文天祥传》记载：

> 初八日，召天祥至殿中。长揖不拜。左右强之，坚立不为动。极言："宋无不道之君，无可吊之民；不幸母老子弱，权臣误国，用舍失宜，北朝用其叛将、叛臣，入其国都，毁其宗社。天祥相宋于再造之时，宋亡矣，天祥当速死，不当久生。"

> 上使谕之曰："汝以事宋者事我，即以汝为中书宰相。"天祥曰："天祥为宋状元宰相，宋亡，惟可死，不可生，愿一死足矣。"又使谕之曰："汝不为宰相，则为枢密。"天祥对曰："一死之外，无可为者。"遂命之退。明日有奏："天祥不愿归附，当如其请，赐之死。"麦术丁力赞其决，遂可其奏。

> 天祥将出狱，即为绝笔《自赞》，系之衣带

间。其词曰："孔曰成仁，孟曰取义；惟其义尽，
所以仁至。读圣贤书，所学何事！而今而后，庶几
无愧！"过市，意气扬扬自若，观者如堵。临刑，
从容谓吏曰："吾事毕矣。"问市人孰为南北，南
面再拜就死。俄有使使止之，至则死矣。见闻者无
不流涕。

史书上说的是：

元世祖召唤文天祥到宫殿中。文天祥见了皇帝只拱手作揖而不
跪拜。皇帝的侍臣督促他跪下，他仍然坚定地站立着，坚持不跪。
他说："宋朝没有不循正道的国君，没有需要抚慰的人民；不幸谢
太后年老而宋恭帝幼小，奸臣弄权、误害国家，用人、理政，措施
不当，你们利用我朝的叛将、叛臣，攻入我朝的国都，毁灭我朝。
我文天祥面对国家危急，力图复兴而辅佐大宋，宋朝灭亡了，我当
尽快就死，岂能苟且偷生。"元世祖派人告诉他说："你用侍奉宋
朝的忠心来侍奉我，就任用你当中书省宰相。"文天祥说："我是
宋朝的状元宰相，宋朝灭亡了，只能死，不能生，一死就够了。"
元世祖又派人告诉他说："你不做宰相，就做枢密使。"文天祥回
答说："除了一死以外，没有什么事可做了。"元世祖就命令他退
下。

第二天有大臣上奏说："文天祥不愿意归顺服从，应当赐他死
刑。"参知政事麦术丁极力赞成这个判决，元世祖就批准他们的奏
议。文天祥被押出监狱前，就写下遗书自表，挂在衣带中。文中写
道："孔子说杀身成仁，孟子说舍生取义，因为已经尽了人臣的责
任，所以达成了仁德。读古代圣贤的书，所学的不是成仁取义的事

又是什么事呢？从今以后，我差不多就没有愧疚了！"他被押往刑场时，气概凛然、神色从容，围观的人有很多。即将受刑时，他不慌不忙地向执刑的官吏说："我的事都已做完了。"问在场上围观的人：何处是南？何处是北？面向南方拜了又拜，然后受刑而死。不久，有使者前来传令停止行刑，到达时文天祥已经死了。看到、听到的人，没有不伤心流泪的。

文天祥有诗云："人生自古谁无死，留取丹心照汗青！"意思是说：自古以来，有谁能长生不死？我要用自己的丹心，在青史留名。

像这样为国家人民的利益挺身而出、慷慨赴死的仁人志士自古至今不乏其人。1936年，正值东北抗日战争最艰难的时刻，有一名来自四川的弱女子倒在了刑场上，她就是赵一曼。1931年"九一八"事变后，赵一曼被党派到东北工作。1935年秋，任东北人民革命军第三军二团政委。同年11月在战斗中负伤，养伤时被敌人发现，终因寡不敌众，不幸被捕。1936年8月2日英勇就义，时年31岁。在即将为国捐躯之时，赵一曼给自己年幼的孩子，留下了遗书：

宁儿：

母亲到东北来找职业，今天这样不幸的最后，谁又能知道呢？

母亲的死不足惜，可怜的是我的孩子，没有能给我担任教养的人。母亲死后，我的孩子要替母亲继续斗争。自己长大成人，来安慰九泉之下的母亲！你的父亲到东北来，死在东北，母亲也步着他的后尘。我的孩子，亲爱的可怜的我的孩子啊！

母亲也没有可说的话了，我的孩子自己好好学习，就是母亲最后的一线希望。

一九三六年八月二日

在临死前的你的母亲

这封遗书言语平实，但平实之下翻涌着情感的惊涛，三十一岁，正是人生最好的年华。上有年迈的老人，望眼欲穿盼女归；下有年幼的孩子，泪眼相凝望娘回。脚下是呻吟的国土，被外敌欺侮，正如先辈秋瑾所言："金瓯已缺总须补，为国牺牲敢惜身。"意思是说：祖国被帝国主义侵占了，必须要收回来，为了国家的领土完整去牺牲，又岂敢爱惜自己的生命。像这样含情带血的家书，将永远激励着中国人为国赴难、替国争光。

4. 兴亡有责

海瑞曾说："丈夫所志在经国，期使四海皆衽席。"意思是：大丈夫所应有的志向是治理好国家，能够使天下老百姓都过上好日子。所以，历代仁人君子都秉持为国家负责、为百姓谋利的精神立身处世。顾炎武有句名言："国家兴亡，匹夫有责。"意思是说：国的兴盛与衰亡，每一个人都有责任。因此，每到国家危难，或是社会出现大动荡、大变局时，总会有人挺身而出，挽狂澜于既倒，扶大厦之将倾。这些人即使无力回天，甚至粉身碎骨，也为后人所敬仰。

1911年，林觉民受同盟会派遣回闽，联络革命党人，筹集经费，招募志士，赴广州参加起义。广州黄花岗起义的前三天，面对即将到来的生死未卜，林觉民在一块白方巾上给妻子陈意映写下这封最后的家书《与妻书》。其中写道：

吾诚愿与汝相守以死，第以今日事势观之，天灾可以死，盗贼可以死，瓜分之日可以死，奸官污吏虐民可以死，吾辈处今日之中国，国中无地无时不可以死。到那时使吾眼睁睁看汝死，或使汝眼睁睁看吾死，吾能之乎？抑汝能之乎？即可不死，而离散不相见，徒使两地眼成穿而骨化石，试问古来几曾见破镜能重圆？则较死为苦也，将奈之何？今日吾与汝幸双健。天下人不当死而死与不愿离而离者，不可数计，钟情如我辈者，能忍之乎？此吾所以敢率性就死不顾汝也。吾今死无余憾，国事成不成自有同志者在。依新已五岁，转眼成人，汝其善抚之，使之肖我。汝腹中之物，吾疑其女也，女必像汝，吾心甚慰。或又是男，则亦教其以父志为志，则吾死后尚有二意洞在也。幸甚，幸甚！吾家后日当甚贫，贫无所苦，清静过日而已。

吾平生未尝以吾所志语汝，是吾不是处；然语之，又恐汝日日为吾担忧。吾牺牲百死而不辞，而使汝担忧，的的非吾所忍。吾爱汝至，所以为汝谋者惟恐未尽。汝幸而偶我，又何不幸而生今日中国！吾幸而得汝，又何不幸而生今日之中国！卒不忍独善其身。嗟夫！巾短情长，所未尽者，尚有

万千，汝可以模拟得之。吾今不能见汝矣！汝不能

舍吾，其时时于梦中得我乎？一恸。

这封情真意切的家书大概的意思是：

我愿意和你相依为命一直到老，但现在的局势是，天灾可以让人死亡，盗贼可以让人死亡，列强瓜分中国可以让人死亡，贪官污吏虐待百姓可以让人死亡，我们这辈人生在今天的中国，国家随时可以让人死亡。到那时我眼睁睁看着你死，或者你眼睁睁看着我死，我能这样吗？还是你能这样做呢？即使能不死，但是夫妻分离不能相见，让我们两地望眼欲穿，尸骨变成石头，试问自古以来何曾有过破镜能重圆的？这是一种生离死别啊，这将怎么办呢？今天你我幸好双双健在，天下不该死却死了和不愿意分离却分离的人，无以数计，像我们这样爱情专一的人，能忍受这种事情吗？这是我敢于毅然去死，而不顾你的缘故啊！我现在死去没有什么遗憾，国家大事成功与否自有同志们继续奋斗。依新已经五岁了，转眼之间就要长大成人了，希望你好好地抚养他，让他像我一样。你腹中的胎儿，我猜她是个女孩，是女孩一定像你，我心里非常欣慰。或许又是个男孩，你就教育他以他的父亲作为志向，那么我后继有人了。非常非常幸运！我们家以后的生活该会很贫困，但贫困没有什么痛苦，清清静静过日子罢了。

我平素不曾把我的志向告诉你，这是我的不对；可是告诉你，又怕你天天为我担忧。我为国牺牲，死一百次也不推辞，可是让你担忧，的确是我不能忍受的。我爱你到了极点，所以替你打算只怕不周全。你有幸嫁给了我，可又如此不幸生在今天的中国！我有幸娶到你，可又如此不幸生在今天的中国！我终究不忍心只顾全自

己。唉！方巾短小情义深长，没有写完的心里话，还有成千上万，你可以凭此书领会没写完的话。我现在不能见到你了，你又不能忘掉我，大概你会在梦中见到我吧，写到这里实在是悲痛万分！

《论语》里说："人之将死，其言也善；鸟之将死，其鸣也哀。"此之谓也。然而，为了救国于危难，救民于水火，林觉民还是以国家兴亡为己任，毅然决然踏上了起义之路。

向警予是中国共产党最早的女党员之一，被誉为"我国妇女运动的先驱"。她在从巴黎回国后去上海工作之前，曾给父母写信说：

> 我这样匆匆究竟为什么？造真学问储真能力，还不是对国家对两亲对兄弟对自身的唯一光明、唯一希望吗？我为这唯一光明、唯一希望而不孝不友之事竟躬犯之，如无所建白，扪心何以自安？！愿我慈爱之两亲对儿多加训迪，儿亦当格外奋发，兢兢业业以图成功于万一耳。

信中既有为国为民的义无反顾，也有无法孝敬双亲的内心愧疚，但向警予还是在家稍作停留就投入了党的工作。1928年3月20日，由于叛徒出卖，向警予不幸被捕。她视死如归，赴死沿途还向群众讲演。宪兵们殴打她，想让她闭嘴，但她仍然滔滔不绝地讲下去，因此他们在她嘴里塞满了石头，又用皮带勒住她的双颊，街上许多人看了都哭泣起来。

在中国近代以前几千年的历史上，家书家训多不胜数，但像林觉民《与妻书》和向警予家书这样情浓、意切、志坚的真不多见。